博士后文库
中国博士后科学基金资助出版

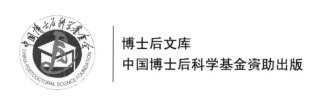

泥岩物性与改性

柴肇云 著

科学出版社

北京

内 容 简 介

本书系统论述我国煤系地层泥岩的物理力学性质及通过电化学和有机硅材料改性技术实现其工程特性强化的理论与方法。书中详细介绍煤系泥岩的典型工程危害及矿物学特征、表面性质与孔裂隙特征、力学性质、泥化与崩解以及胀缩性等与工程特性密切相关的物理力学性质，系统阐述采用电化学和有机硅材料改性技术强化泥岩工程特性的研究思路方法及软岩巷道围岩的改性加固技术等。

本书内容丰富，资料翔实，是一部涉及软岩及其工程稳定性控制的专著，可以作为矿业工程、安全技术与工程、工程力学和岩土工程等专业的高年级本科生和研究生的高等岩石力学课程辅助教材，也可作为科研及矿山工程技术人员的参考书。

图书在版编目（CIP）数据

泥岩物性与改性 / 柴肇云著.—北京：科学出版社，2017.8
（博士后文库）
ISBN 978-7-03-054378-3

Ⅰ. ①泥…　Ⅱ. ①柴…　Ⅲ. ①泥岩-研究　Ⅳ. ①P588.21

中国版本图书馆CIP数据核字(2017)第218444号

责任编辑：李　雪 / 责任校对：桂伟利
责任印制：徐晓晨 / 封面设计：陈　敬

科 学 出 版 社 出版
北京东黄城根北街 16 号
邮政编码：100717
http://www.sciencep.com

北京厚诚则铭印刷科技有限公司 印刷
科学出版社发行　各地新华书店经销
*
2017 年 8 月第 一 版　　开本：720 × 1000 1/16
2018 年 6 月第二次印刷　　印张：11 3/4
字数：240 000
定价：98.00 元
（如有印装质量问题，我社负责调换）

《博士后文库》编委会名单

《博士后文库》序言

1985 年，在李政道先生的倡议和邓小平同志的亲自关怀下，我国建立了博士后制度，同时设立了博士后科学基金。30 多年来，在党和国家的高度重视下，在社会各方面的关心和支持下，博士后制度为我国培养了一大批青年高层次创新人才。在这一过程中，博士后科学基金发挥了不可替代的独特作用。

博士后科学基金是中国特色博士后制度的重要组成部分，专门用于资助博士后研究人员开展创新探索。博士后科学基金的资助，对正处于独立科研生涯起步阶段的博士后研究人员来说，适逢其时，有利于培养他们独立的科研人格、在选题方面的竞争意识以及负责的精神，是他们独立从事科研工作的"第一桶金"。尽管博士后科学基金资助金额不大，但对博士后青年创新人才的培养和激励作用不可估量。四两拨千斤，博士后科学基金有效地推动了博士后研究人员迅速成长为高水平的研究人才，"小基金发挥了大作用"。

在博士后科学基金的资助下，博士后研究人员的优秀学术成果不断涌现。2013年，为提高博士后科学基金的资助效益，中国博士后科学基金会联合科学出版社开展了博士后优秀学术专著出版资助工作，通过专家评审遴选出优秀的博士后学术著作，收入《博士后文库》，由博士后科学基金资助、科学出版社出版。我们希望，借此打造专属于博士后学术创新的旗舰图书品牌，激励博士后研究人员潜心科研，扎实治学，提升博士后优秀学术成果的社会影响力。

2015 年，国务院办公厅印发了《关于改革完善博士后制度的意见》（国办发〔2015〕87 号），将"实施自然科学、人文社会科学优秀博士后论著出版支持计划"作为"十三五"期间博士后工作的重要内容和提升博士后研究人员培养质量的重要手段，这更加凸显了出版资助工作的意义。我相信，我们提供的这个出版资助平台将对博士后研究人员激发创新智慧、凝聚创新力量发挥独特的作用，促使博士后研究人员的创新成果更好地服务于创新驱动发展战略和创新型国家的建设。

祝愿广大博士后研究人员在博士后科学基金的资助下早日成长为栋梁之才，为实现中华民族伟大复兴的中国梦做出更大的贡献。

中国博士后科学基金会理事长

前　言

　　煤炭开采环境为沉积岩，在煤系地层沉积岩中，泥岩是一种主要构成岩层，包括碳质泥岩、砂质泥岩和页岩等软弱岩体。由于泥岩独特的物理化学性质，其对温度、湿度、应力和地下水等环境因素极为敏感，特别是湿度条件变化时，泥岩的性质和状态会发生很大的变化，产生水化膨胀、碎胀扩容、强度降低，导致处于这类岩层中的巷道、硐室、建筑物基体等产生大变形甚至坍塌。

　　在工程中对软岩加固支护处理的方法有锚喷加固、棚式支护、砌碹或封闭混凝土拱，以及这几种方式相结合的各类支护方式。通常，根据具体条件合理采用各类支护方式，以确保软岩工程的稳定与安全。但这些方法的研究重点都集中在对已破碎或软化崩解的软岩的加固上，只是从力的平衡角度进行加固，存在着较大的局限性和时效性，如对遇水膨胀的泥岩，由于支护系统不能承受巨大的膨胀和碎胀应力，而锚固系统又找不到有效的着力点，支护效果不佳。

　　本书是作者及其所在课题组近 20 年从事软岩及其工程稳定性控制问题研究工作的总结。书中详细分析煤系泥岩的工程特征，基于全国 9 个典型软岩矿区的20 余种泥岩样品的 X-射线衍射分析，得出煤系泥岩的物质组成及矿物学特征；基于泥岩样品的扫描电镜测试和液氮等温吸附试验，系统研究煤系泥岩的表面凹凸形貌特征、表面性质和显微孔裂隙形态特征与分布规律，揭示孔裂隙分布对泥岩吸水软化崩解的影响规律；基于泥岩的单轴压缩、巴西圆盘劈裂和变角剪切压模试验，研究不同条件下岩样载荷-位移曲线的相关性、破坏形态、破坏裂隙演化规律和破裂块体的分形分布规律；基于不同成煤期煤系地层泥岩的耐崩解性对比试验，结合岩样物质组成和孔裂隙分布的测试结果，研究循环崩解作用下泥岩崩解物形态特征和耐崩解性指数的变化规律，揭示泥岩耐崩解性差异、差异产生机理及其与矿物组成的相关规律；基于泥岩的自由膨胀试验，研究泥岩的胀缩各向异性、水化学环境变化以及干湿循环作用对泥岩胀缩性能的影响规律，揭示泥岩胀缩性发生变化的内在机制；对比分析电化学改性前后泥岩的零电荷点与电荷密度、ζ电位与等电点、颗粒沉降与体积膨胀性、矿物成分含量与晶体结构以及孔裂隙与强度的变化规律，阐明电极材质对泥岩电化学改性效果的影响规律，提出新型的软岩巷道围岩电化学加固的电极布置方式；通过泥(砂)岩的有机硅材料改性试验，对比分析有机硅材料改性前后泥(砂)岩的表面疏水性、孔裂隙、胀缩性、微结构、强度特征等物性变化规律，揭示有机硅材料改性泥(砂)岩的改性机理。

　　本书是作者所在课题组许多研究者的辛勤劳动和集体智慧的结晶，更多地凝结了作者硕士博士导师康天合教授在此领域创新的学术思想，作者对他们的支持和帮助表示衷心的感谢。

本书相关研究内容获得包括国家自然科学基金(51004075，51674173)、中国博士后科学基金(20110491631)、山西省自然科学基金(2011021024-2，201601D102038)和山西省回国留学人员科研资助项目(2016-040)等多项课题的资助。作者对长期关心和支持本项研究的领导、专家、学者和工程技术人员表示由衷的感谢，由于水平所限不妥之处，敬请读者批评指正。

作 者

2017 年 3 月

目　　录

第1章 绪 论

近年来，随着我国国民经济的快速增长，矿产资源开发和岩土工程建设不断向深度和广度发展，但也遇到越来越多的软岩问题。由于软岩独特的物理化学性质，其对温度、湿度、应力和地下水等环境因素极为敏感，特别是湿度条件变化时，软岩的性质和状态会发生很大的变化，产生水化膨胀、碎胀扩容、强度降低，导致处于这类岩层中的巷道、硐室、建筑物基体等产生大变形甚至坍塌。在实施"西部大开发"、"西电东送"、"南水北调"、"高速公路网"以及"高速铁路网"等战略过程中，较多工程的建设已受到软岩问题的重大影响，如南水北调中线河南渠段大量遭遇泥灰岩、砾岩、泥岩等第三系软岩[1]，西南、西北及中部地区的高速公路、铁路建设长期受到红层软岩的困扰[2]等；在资源开发领域，"十一五"重点建设的神东、晋东、晋中、晋北、陕北、两淮、蒙东、鲁西、河南、冀中、云贵、黄陇、宁东13个煤炭基地，近半数的矿区存在软岩矿井，有的矿区甚至大部分或全部矿井是软岩矿井。软岩问题已成为我国重大基础工程建设所面临且亟待解决的工程地质和岩石力学问题之一。

软岩对工程所造成的破坏及其所带来的经济损失是巨大的。软岩及软岩工程在我国占有很大比例，在资源开发行业尤为严重，我国每年新掘井巷工程量约15 000km，巷道支护产生的顶板事故在煤矿事故中所占的比例居高不下，2001年以来无论是事故数量还是死亡人数都居首位。据国家安全生产监督管理总局事故查询统计，2001～2010年我国煤矿顶板事故起数占所有事故的58.81%，死亡人数占29.47%，这10年间的顶板事故单次平均死亡人数达到1.32人，见表1-1。尽管煤矿单起顶板事故不像瓦斯或水害那样造成重大伤亡，而受到社会各界的普遍关注和重视，但是顶板事故已成为严重制约煤矿安全生产和快速发展的桎梏。

煤矿顶板事故发生的主要原因有地质条件恶劣、顶板岩石破碎、顶板无稳定结构以及应力环境差等。煤炭开采环境为沉积岩，在煤系地层沉积岩中，泥岩是一种主要构成岩层，包括碳质泥岩、砂质泥岩和页岩等软弱岩体[3]。泥岩的矿物成分主要有黏土矿物、石英和其他矿物，而黏土矿物所占的比例一般达到40%～90%。由于黏土矿物特殊的易风化和遇水膨胀特性，常对巷道的稳定性造成破坏性影响。在巷道开掘后，围岩由于卸载、风化、特别是水的浸湿影响，产生水化膨胀、强度降低和软化崩解甚至泥化，从而引发安全事故。此时，因水造成的强度损伤比力学因素造成的损伤更为严重[4]。

表 1-1　2001～2010 年我国煤矿顶板事故统计结果

年份	所有事故起数/起	顶板事故起数/起	所有事故死亡人数/人	顶板事故死亡人数/人	顶板事故占比/%	顶板事故死亡人数占比/%	单次顶板事故死亡人数/人
2001	703	347	2138	505	49.36	23.62	1.46
2002	1593	944	3765	1165	59.26	30.94	1.23
2003	1909	1254	3993	1530	65.69	38.32	1.22
2004	1476	978	2979	1254	66.26	42.09	1.28
2005	1438	905	3372	1101	62.93	32.65	1.22
2006	325	128	1525	268	39.38	17.57	2.09
2007	187	56	1219	217	29.95	17.8	3.88
2008	79	6	526	19	7.59	3.61	3.17
2009	85	10	643	30	11.76	4.67	3.00
2010	88	8	609	32	9.09	5.25	4.00
合计	7883	4636	20769	6121	58.81	29.47	1.32

　　泥岩所导致的工程问题是在水化或风化作用下，岩体质量持续恶化的结果。在工程中常用的泥岩支护加固处理的方法有锚喷加固、强力棚式支护、砌碹或封闭混凝土拱，以及这几种方式相结合产生的各类支护方式，以确保泥岩工程的稳定与安全。但这些方法的研究重点大多放在对已破碎或软化崩解的泥岩的加固上，只是从力的平衡角度进行加固，通过改变泥岩的外在因素实现泥岩工程的稳定性控制，存在着较多的局限性和时效性[5]。因此，寻找一种能够使泥岩的物理力学特性及泥岩工程长期稳定的方法是十分迫切和必要的。

1.1　泥岩的工程特征

1.1.1　泥岩的强度特性

　　强度是岩石在各种荷载作用下达到破坏所能承受的最大应力，是衡量岩石性质的一个重要指标值。朱珍德等[6]采用 MTS815.02 型岩石刚性伺服试验系统和岩石膨胀测量仪，对南京红山窑水利枢纽工程膨胀红砂岩进行了力学特性试验研究，探讨了膨胀红砂岩膨胀力与吸水率的相关性以及膨胀力与膨胀变形的规律，认为膨胀红砂岩的初始吸水率对其膨胀力有着强烈的影响。

　　周应华等[7]、封志军等[8]通过对川东地区一红层边坡中砂岩、粉砂岩和泥岩三种岩石的三轴应力应变全过程试验研究，将 0～3MPa 的低围压下，红层软岩的全应力应变曲线概括为压密阶段、弹性阶段、屈服阶段、应变软化阶段和塑性流动阶段 5 个阶段。分析试验结果后，发现红层软岩的弹性模量随围压的增加而提高且变化明显，砂岩和粉砂岩在低围压下为脆性破坏，泥岩为塑性破坏。

此外，何满潮等[9,10]、李洪志和何满潮[11]、周翠英等[12]、廖红建等[13]、张少华等[14]分别探讨了沉积特征对泥岩力学特征的影响，不同饱水时间泥岩的单轴抗压强度、劈裂抗拉强度、抗剪强度及其随泡水时间的变化规律，固结压力对泥岩残余强度的影响规律以及测试方法对岩石抗拉强度的影响等方面进行了详细研究。

1.1.2 泥岩的变形特性

岩石在荷载作用下，首先发生的物理现象是变形。随着荷载的不断增加，或在恒定荷载作用下，随着时间的延长，岩石变形逐渐增大，最终导致岩石破坏。赵法锁等[15,16]、陈文玲和赵法锁[17]、宪飞等[18]通过泥岩的室内三轴压缩试验、单轴压缩流变试验和三轴压缩流变试验，发现泥岩的径向蠕变变形比轴向蠕变敏感，以径向蠕变长期强度作为长期强度更合理；围压越大，对径向变形的约束能力越强，径向蠕变长期强度和轴向蠕变长期强度均增加，径向蠕变长期强度与轴向蠕变长期强度的比值减小。

张芳枝等[19]通过一系列常规三轴试验对风化泥质软岩的变形特性进行了初步研究，发现其应力应变关系具有明显的非线性特征和应变软化特征；岩体的整个变形阶段可用多项式拟合，其硬化阶段可用双曲线拟合；另外，岩体随着剪应力增加，表现出剪缩特性，在峰值强度附近伴随着较弱的剪胀。在轴向压力作用下，岩体产生侧向变形，其初始切线泊松比较小，一般为 0.2~0.25。

刘新喜等[20,21]通过对复杂应力下强风化泥岩的压实特性和湿化变形的试验研究，发现强风化泥岩用于高等级公路路基填筑时，其承载比值随压实度的增大而增大；填料在压实度为 90% 且有较大的偏应力作用下，湿化不仅产生较大的附加轴向应变，而且还能引起相当大的附加体积应变和偏应变。

肖克强等[22]通过地质力学模型试验，研究泥岩高边坡在开挖及降雨时，坡体的稳定性及其变形变化规律，分析支挡结构对边坡变形的影响机理。试验结果表明，在开挖过程中及时地施加支挡结构，可以减小施工期间坡体的变形；同时，支挡结构可以有效地抑制坡体的蠕变变形，特别对坡体中下部的蠕变变形抑制效果更显著。

泥岩的流变特性也是岩体工程中不可忽视的重要特征。在流变特性研究方面，有关岩石材料流态形态的资料和成果也日渐丰富和完善，建立了众多的流变模型[23~25]。然而大部分的黏弹、黏塑性模型无法描述加速蠕变阶段，限制了这类模型的应用。于是许多学者致力于解决这一问题。陈沅江等[26,27]提出两种非线性元件：蠕变体和裂隙塑性体，建立了一种新的复合流变力学模型，可很好地描述泥岩加速蠕变阶段的特性。邓荣贵等[28]引入一种非线性黏滞阻尼器，利用该黏滞阻尼器建立了综合流变力学模型，可同时描述弹性变形、滞后的黏弹性变形和等速与加速黏塑性变形 3 种蠕变变形。曹树刚等[29]将黏滞性体模型中的黏滞系数修正为非线性，改进了西原正夫模型，能较好地反映岩石的非衰减蠕变特性。何峰等[30]和王来贵等[31]以改进的西原正夫模型为基础，建立了参数非线性蠕变模型，能较好地反映岩石试件的 3 阶段蠕变过程，尤其是非线性加速蠕变变形。通过对线性模型理论的改进而得到的非线性模型，能够描述岩石的加速蠕变过程。但是，由于以上模型中只考虑了单个参数 η 的非线性，使流变方程不得不分段使用来描述不同阶段的蠕变。

范庆忠和高延法[32]根据对单轴压缩条件下泥岩蠕变特性的分析，引入损伤变量和硬化函数，建立泥岩轴向和横向非线性蠕变模型。通过对泥岩轴向蠕变典型曲线的衰减、等速和加速蠕变 3 个阶段分析，认为：产生衰减蠕变的原因是岩石力学性质发生了硬化，主要是由于黏滞系数的硬化引起的；产生加速蠕变的原因是岩石发生了损伤软化，主要是由岩石弹性模量损伤引起的。泥岩蠕变过程的 3 个阶段是非线性损伤和硬化两种机制并存、互相竞争的结果，采用单一的模量损伤或黏滞系数的非线性变化均不能合理地描述和解析蠕变过程的 3 个阶段。同时，引入损伤和硬化两种机制后所建立的非线性蠕变模型可以用一个统一的方程描述泥岩蠕变过程 3 个阶段的变形特征，也可以对蠕变过程的 3 个阶段做出合理解析，并将该模型与泥岩及红砂岩的试验曲线进行对比，两者吻合较好。

1.1.3　泥岩的水理特性

岩石的水理特征是指岩石在溶液作用下所表现出来的性质，是影响岩石工程特别是软岩工程稳定性的重要因素。由于工程岩体总是赋存于一定的水环境中，受水环境变化的影响，工程岩体的强度、变形和破坏等力学特性将发生明显的改变，因此长期以来该问题一直受到岩石力学与工程领域众多学者的关注，但研究成果大多集中在以下两个方面。

1. 强度降低

软岩的水理特征最初是由水作用后岩石强度降低，即饱和后岩石普遍存在软化现象引起国内外专家学者注意的。Hoek 和 Bray[33]认为，孔隙压力会减少岩石结构面的抗剪强度；高含水量增加岩石重度，并加速其风化；水结冰产生压力，对岩石产生类似楔子的作用，这些因素共同作用，促使岩石强度降低。Chugh 和 Missavage[34]研究了湿度对岩石力学性能的影响。他从矿井巷道观察，发现夏季塌方比冬季明显增多，认为这是由于夏季天气潮湿，巷道岩面在吸热的同时也在吸湿，从而得出湿度对岩石强度有影响的印象。通过研究和调查，得出以下一些认识：①岩石的单轴抗压强度与弹性模量随温度加大而减小。将岩石试件浸在水中或在 100%湿度条件下放置 24h，与元然湿度的试件相比，单轴抗压强度将减小50%～60%。②在弹性模量减小的同时，泊松比加大。③平均硬度与断裂韧度随相对湿度加大而减小。④泥质页岩吸湿主要在表面，吸湿量与试件大小无关。⑤沿层面的吸湿率比垂直层面的吸湿率大得多。

李先炜[35]认为，岩石饱水后，水就顺着裂隙、孔隙进入岩石内部并润湿自由面上的每个矿物颗粒，从而削弱颗粒间的连接，降低岩石的强度。他的试验结果表明沉积岩类的软化程度大，而岩浆岩、变质岩软化程度小。肖学沛和李天斌[36]、王义军等[37]及徐华等[38]研究了某滑坡炭质泥岩抗剪强度受含水量的影响，发现同一种炭质软岩，在不同的含水量下会表现出不同的力学性质，一般含水量高，其力学性能要低，反之要高，尤其是对一些含亲水性矿物组成的岩土体，其影响更大。同一种炭质软岩，扰动前后的性能将发生变化，主要是其物质成分发生了变化，物质成分决定其力学性能，扰动后的物质成分发生重组，黏粒含量增加，降低了其力学性能。在饱水初期，抗剪强度降低的幅度较大，单位时间内的抗剪强度降低值大，曲线斜率的绝对值较大，主要是蒙脱石受水影响发生分子膨胀作用，因蒙脱石晶胞与晶胞以氧离子接触，不够紧密，可以吸收不定量的水分子，体积膨胀大，使整体失去连接，从而强度大大降低；在后期，抗剪强度降低幅度较小，主要是高岭石受水影响发生胶体膨胀，高岭石晶胞与晶胞之间连接较强，亲水性相对较差，体积膨胀也小，故抗剪强度降低幅度较小。此外，康红普[39]对泥岩进行了实验研究，发现泥岩抗压强度及弹性模量随含水量的增加显著减小，见图1-1。

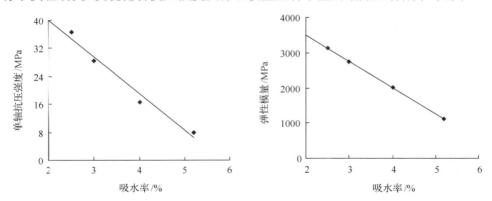

图 1-1　泥岩单轴抗压强度、弹性模量与吸水率的关系

2. 软化崩解

随着对软岩水化作用研究逐步深入，黏土岩、泥岩以及页岩的泥化、崩解问题逐渐引起了相关学者的注意。戴广秀等[40]对葛洲坝水利枢纽坝基红层内泥化夹层的工程地质特征和结构特征进行了详细的研究，将软弱夹层细分为节理带、劈

理带、泥化带及泥化层等层次，并对其形成和演化趋势作了讨论。王幼麟[41]研究了上述泥化夹层形成及发展趋势的物理化学原因，认为泥化夹层的形成主要是由于黏土岩含有大量黏土矿物等高分散、高亲水性物质，地质构造作用，水的物理化学作用，三者缺一不可。谭罗荣[42]则研究了上述泥化夹层的物质组成特性，认为泥化夹层与非泥化夹层部位岩体的矿物成分及含量无明显差异，但泥化物中的小于 5μm 或 2μm 的细颗粒含量高于两侧未泥化部位黏土岩。谭罗荣[43]研究了蚀变凝灰岩的水稳特性，明确指出崩解泥化与物质组成的关系，特别是与蒙脱石类矿物含量的关系。

张世右等[44]对我国煤系地层泥岩遇水损伤机理进行了研究，认为泥岩遇水后的损伤破坏主要有两种：一是软化、破碎和崩解，但体积基本不增加，这类岩石的矿物成分主要以高岭石和伊利石为主；二是体积发生膨胀，然后导致软化、松散，这类岩石的矿物成分主要以蒙脱石为主。上述区别主要取决于两类黏土矿物的晶层结构和阳离子交换能力[45~48]。对黏土矿物层间距与孔隙液电解质浓度及孔隙中气相性质间的关系的进一步研究发现[49]：在饱和状态下，蒙脱石晶体的膨胀和收缩可归纳为受两种作用势控制，即作用在蒙脱石层间的渗透压和除渗透压作用外的综合作用势；在非饱和状态下，除上述两种作用外，还受气-液界面引起的收缩势-基质吸力势的影响。因此，从诱发机理上讲，导致泥岩膨胀变形的原因有两大类，即力学原因和物理化学原因。力学原因包括泥岩的塑性变形，沿滑动面（层理、节理、裂隙等）滑动及高应力所形成的异常压力等引起软岩破裂或碎胀扩容；物理化学原因是指水溶液与泥岩发生物理化学作用引起水化膨胀和分散、导致岩石强度下降等。但最重要的原因是泥岩的水化作用[50, 51]。

当泥岩和水溶液接触时，黏土矿物表面阳离子浓度将比溶液的阳离子浓度大，存在阳离子浓度梯度，阳离子趋向于从黏土矿物表面向主体溶液扩散，结果黏土矿物表面对阳离子的静电吸引和阳离子自黏土矿物表面向外扩散最终达到平衡[52]。其最终平衡状态取决于水溶液的活度 WA（water activity）[53]。把开挖出来的新鲜黏土岩立即浸入水中，即使浸泡很长时间也可以保持原状不崩解，但当此类软岩在大气中脱水或稍稍失水后再浸入水中时，就可能发生不同程度的崩解或崩裂，崩解或崩裂的程度与软岩中矿物成分及其含量有关[54]。蒙脱石对崩解性状的影响要明显高于非膨胀性矿物伊利石和高岭石，但在没有蒙脱石的情况下，只要伊利石和高岭石的含量足够高，岩样也同样会发生崩解碎裂。在天然状态下，埋藏于地下岩体内的黏土岩是不会发生泥化或崩解的。室内模拟试验研究亦表明，黏土岩在直剪试验后破裂带上的含水量提高，且随着上下层的相对位移的增加而增加。当相对位移足够大时，含水量可超过岩块的塑限，表明岩层破裂，并且产生相对错动时，可吸水形成泥化物。

谭罗荣[55]分析了水利、采矿、地下储库等工程中常见的黏土岩、泥岩等泥化及开挖暴露后的吸水崩解现象，认为黏土岩、泥岩的泥化或浸水崩解，都须经历3 个阶段：①有一个宏观的结构破坏过程，为进一步的泥化或崩解创造一个活动空间。②接着有一个失水过程，此过程可长可短，但失水产生的不均匀收缩，必须大于岩石的抗拉强度，促使细观尺度上的岩体结构扰动和拉裂损伤，或层间错动产生错动带内岩体结构的进一步破碎。③吸水膨胀造成受损岩体的崩解或泥化过程，此过程中，破损岩体吸水使黏土矿物水化，造成岩体不均匀膨胀并进一步拉破裂，并使黏土矿物进一步水化，逐步使受损软岩形成高含水量的泥化物。在整个泥化过程中，实际上是岩体结构不断受到宏观破坏、扰动逐步过渡到微观破坏、扰动的过程，随着结构扰动的深化（微结构扰动）亲水性黏土矿物充分水化最终形成泥化物。

此外，刘长武和陆士良[56]、黄宏伟和车平[57]、周翠英等[58]从泥岩的微观结构、物质组成以及软岩与水相互作用的微观力学作用机制方面，邓虎和孟英峰[59]、梁大川[60]从泥页岩稳定的化学、力学耦合作用方面都对软岩的软化崩解机理做了进一步的研究。

1.2 软岩工程稳定性控制方法及局限性

目前，常用的软岩工程稳定性控制途径与方法多为砌碹、金属支架等被动支护和锚固，但针对不同工程地质环境，具体的应用形式存在很大的差异。在软岩巷道控制方面，王连国等[61]基于国内外深部高应力软岩巷道控制的现状以及其破坏特点，提出了以内注浆锚杆为核心的锚注支护体系，来解决深部高应力极软岩巷道控制难题；康天合等[62]针对海勃湾矿区薄层状碎裂顶板大断面巷道的特点，提出采用螺纹钢锚杆-金属网-钢筋焊接梯子梁-锚索-槽钢等进行联合锚固的方法；张开智等[63]针对龙口矿区软岩巷道的变形特点，提出软岩巷道强壳体支护，采用"短、细、密"的锚杆支护方式；针对强膨胀软岩巷道变形特点，何满潮等[64]和邹正盛等[65]提出预留刚柔层控制方法，而高焕甫[66]则提出 U 形钢支架结构补偿技术控制措施。在软岩边坡控制方面，常采用的控制途径有土钉与桩锚复合支护、土钉与预应力锚杆复合支护、土钉与止水帷幕复合支护、土钉与微型桩复合支护、土钉与止水帷幕预应力复合支护等复合土钉支护形式[67]；预应力锚索框架梁[68]；削坡减载结合锚杆、抗滑桩或挡土墙等加固措施的形式[69]；压力分散型预应力锚索锚固形式[70]；预应力锚索抗滑桩支护形式[71]以及边坡生态防护技术[72]等。

毫无疑问，上述控制方法与措施在软岩及其工程稳定性控制方面起了重要作用。然而，这些方法的研究重点大多放在对已破碎或软化崩解的软岩的加固上，只是从力的平衡角度进行加固。对煤系泥岩而言，由于其高黏土矿物含量，加之地下水、应力及其他恶劣环境的作用，支护系统不能承受巨大的膨胀和碎胀应力，而锚固系统又没有足够着力点，往往只能维持一段时间，加固的工程需要经常返修，返修量和费用都很大，而且对正常生产也会造成较大影响。

1.3　泥岩改性的基本思路

导致泥岩工程性质劣化的外在因素是工程扰动和岩体破裂，内在因素是泥岩所含黏土矿物特有的晶层结构和阳离子交换能力[73]。受相关领域已有成果的启发，可从两方面考虑改变泥岩的水化性能，见图 1-2。其一是利用无机、有机离子及有机极性分子对黏土矿物吸水特性进行改性，以其改变黏土矿物的晶层结构和阳离子交换能力，加强矿物的层间连结，压缩其扩散层厚度，改善黏土矿物的胀缩性能；其二是对泥岩进行防水处理，减少黏土矿物周围的湿度变化，防止工程岩体失水-吸水-泥化过程的发生。在此基础上，利用无机和有机胶结物的胶结性能改善软岩颗粒间的连结，提高工程岩体的强度，从而达到稳定、固化工程岩体的目的。

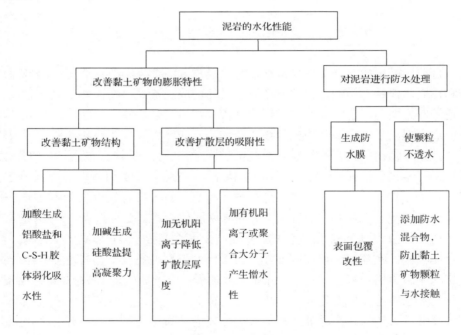

图 1-2　泥岩改性的总体思路

考虑到工程岩体的大尺度、多裂隙结构和环境条件的限制，以及带电离子在电场作用下会发生定向运动，产生电化学反应的客观事实。对于前者可以考虑采用人工对泥岩施加直流电场的方法，迫使泥岩颗粒表面负电荷及其吸附的水化阳离子进行定向移动，析出矿物晶层间吸附极性水分子及原结合水分子，缩小晶层间距，进而降低泥岩膨胀性，提高其力学强度，称为电化学改性。对于后者则可以采用表面包覆或有机硅材料改性的方法改善黏土矿物的强亲水性，减小黏土矿物的吸水膨胀能力，提高泥岩矿物颗粒间的连结强度，改善其微结构，减缓或阻止水分在泥岩孔裂隙中的渗透与迁移，称为表面包覆或有机硅材料改性。

1.3.1　电化学改性技术的发展

岩土体电化学改性的研究始于 20 世纪 30 年代。1949 年，Casagrande[74]首次采用电渗脱水的方法保持黏土稳定。1986 年，荷兰首次进行电化学修复土壤的工程示范，欧洲和美国成功将电化学方法用于去除土壤中的有害化学物质[75]。此后，电化学方法在提高开挖或失稳路基稳定性[76]、加速淤泥脱水固结[77,78]和盐渍土处理[79]等方面均取得了突破性进展。然而，相关研究大多集中在岩土体污染物去除和修复方面，而在改良岩土体力学和工程特性方面较少。

Titkov[80]最初提出通过电化学方法固结软岩井壁的想法，并身体力行地进行了一系列的试验室探索试验。Pinzari[81]对电场作用前后的煤系软岩进行拉伸试验，试验岩样取自意大利 Arezzo 省 Castelnuovo di Sabbioni 煤矿褐煤顶板处，岩样黏土矿物含量为 40%～50%，黏土矿物的颗粒粒径小于 0.074mm，岩样外观结构细致，硬度较低，用手可以掰开，岩心轴向有细裂隙，自然断裂表面光滑且有条纹。外加直流电场的电位梯度为 1.47～7.9V/cm，作用时间为 8h。试验结果表明，岩样的拉伸载荷值比施加直流电场前提高了 3.3 倍。Chilingar[82]对电场作用下砂岩的渗透率进行了实验研究。结果表明，砂岩的渗透率随着电位梯度的增加而增加，其增加幅度与砂岩所含黏土矿物有关，黏土矿物为蒙脱石时增加幅度最大，为伊利石时次之，为高岭石时最小。进一步研究发现[83,84]，当电流流经砂岩岩芯时，砂岩矿物的晶层结构发生了很大的变化，二氧化硅的层间距减小。Bernabeu[85]通过对石灰岩的电化学固结实验发现，电化学作用下电解质定向移动，生成难溶盐充填岩样孔隙，封闭水分、污染物等进入岩样的通道，进而使岩样的电阻率增大，防腐抗风化能力增强。

国内，宋宏伟[86]最早尝试对煤系软岩进行电化学改性试验，通过对比改性前后不规则试样的点载荷测试结果，发现施加电场后试样强度有所提高，但其并没有进行深入的研究分析。此后，王东等[87]对电化学作用下软岩颗粒物沉降和体积膨胀性的研究表明，直流电场的作用可以改变软岩颗粒物在电解液中的沉降速度和体积膨胀性。电位梯度为 0.5V/cm 的电场能为加速软岩颗粒物的沉降和抑制其沉降稳定后的体积膨胀性的电动现象提供足够的电势差。在直流电场作用过程中，电化学系统发生了电极和电解反应，软岩颗粒物的酸碱度发生了变化，在阳极区域的 pH 值降低，呈酸性；在阴极区域的 pH 值升高，呈碱性。对电化学作用下软岩孔隙结构和抗拉强度的研究表明[5, 88]，在电化学作用下泥岩的抗拉强度提高了16.79%～116.03%，阳极区域作用后孔隙率小于作用前，而阴极区域作用后孔隙率大于作用前。在泥岩试件两端施加直流电场，电解液渗透进入泥岩的孔隙中发生电化学反应。电解反应使得泥岩的矿物成分发生变化。电动现象使得带负电的固相颗粒朝阳极方向移动并富集，带正电的液相电解液分子朝阴极方向移动，导致泥岩的孔隙结构发生变化。

工程应用方面，Lo 等[89]进行了敏感性土填筑路基的电渗强化现场试验，试验采用特殊设计的可防止气体在其周围积聚且无泵孔隙水能从电极阴极流出的铜电极。试验结果表明土体的不排水剪切强度比处置前提高了 60%且有良好的长期稳定性。Chew 等[90]报道了新加坡应用电化学方法固结海相黏土进行填海造田的现场工业试验，结果表明采用预置导电疏水竖管的方式可以加速黏土的固结。Ou 等[91]则报道了电渗过程中在电极阳极先注入氯化钙然后再注入硅酸钠提高岩土体固结效果的工程实例，结果显示阳极附近区域强度受两种化学溶液和岩土颗粒间的黏结作用显著增加，除此之外的其他区域也均有很大提高，试验还发现电极反转对固化效果影响不大。针对电渗固结过程中阳极区域发热造成电极-岩土体接触条件恶化功率损耗严重影响电渗在岩土工程中应用的客观实际，Burnotte 等[92]采用对电极化学处理提高电势传输效果的方法降低功率损耗，并在 Mont St-Hilaire 进行现场工业试验并取得了成功。

1.3.2 有机硅材料改性技术的发展

有机硅材料改性岩土体始于 20 世纪 60 年代，为解决石油钻探中水敏性地层的护壁和二次、三次采油工业中防止油页岩中黏土层膨胀的问题，石油工业中使用表面活性剂技术，即在钻井液和驱油液中添加表面活性剂，以降低黏土颗粒间表面张力，改变表面结合力，从而稳定水敏性地层和黏土层，并取得了部分成功。70 年代以后，工程界开始了利用表面活性剂处理软弱地基的工程实验，并在道路和机场建设中普遍采用该技术。

王利亚和张先亮[93]研究了四种带有癸基的有机硅化合物(癸基三甲氧基硅烷、癸基三氯硅烷、癸基三乙氧基硅烷、癸基三(甲氧乙氧基)硅烷)在玻璃表面的成膜工艺及膜层的憎水性、化学稳定性，认为有机硅对矿物界面的改性是使矿物界面吸附有机硅分子并形成交联薄膜的过程。荣葵一[94]初步分析了可用于矿物改性的有机硅材料及其改性机理，并介绍了几种改性方法与改性效果。石质文物的风化作用比较复杂，既有物理风化，又有化学风化与生物风化。针对石质文物的特征和风化蚀变的原因，文物工作者进行了大量的研究和试验工作，开发了多种文物保护材料，如环氧树脂材料、丙烯酸材料、有机硅材料和多种无机材料等。针对故宫博物院和西安碑林博物院提供的汉白玉和石质文物的风化状况，郭广生等[95]

和廖原等[96]均选择了有机硅材料作为风化石质的加固材料。结果表明，有机硅材料赋予风化石质以一定强度的同时，具有耐水、风、沙、日光照射，抗冰冻、微生物侵蚀等优良的防护性能，并具有良好的附着力和耐久性。

柴肇云等[97~99]提出了通过表面包覆改性的方法阻止或延缓软岩工程性质劣化的研究思路，采用自由基溶液共聚和溶胶–凝胶法合成室温固化的有机硅改性树脂，通过对改性前后膜层疏水性、牢固性、防水性以及岩样颗粒自由膨胀性和块体崩解性的对比试验，研究泥岩表面包覆改性的效果。试验结果表明：包覆膜层和泥岩表面结合性能优良，黏土矿物以高岭石为主泥岩岩样表面水滴润湿角由34.7°提高到 77.8°，而吸水率增量从 0.80%减小到 0.352%，块体崩解后崩解颗粒分布的分形维数由 0.8731～1.8325 减少到 0.0094～1.1190；黏土矿物以蒙脱石为主泥岩岩样表面水滴润湿角从 26.40°提高到 80.04°，而吸水率从 41.87%减小到3.15%，颗粒自由膨胀率由 24.11%～65.98%减少到 1.64%～3.60%，块体崩解后崩解颗粒分布的分维数由 2.2231～2.7162 减少到 0.3007～2.3895。并将其成果应用于软岩工程支护加固的工程实践，取得了良好的社会和经济效益。但上述方法并没有从根本上改变软岩本身的力学和物理化学特性。山西霍州李雅庄煤矿+435 水平泥岩巷道的工程应用表明，采用注浆包覆加固只是将注浆包覆加固之前每 5～8个月就需进行一次大的起底和扩巷返修的间隔时间延长 2～3 年，仍不能从根本上确保软岩巷道的长期稳定性。

为此，柴肇云等[100]拓展了以上研究思路，采用有机硅材料作改性材料，通过对泥岩进行有机硅材料改性试验，对比分析泥岩改性前后疏水性、孔裂隙、胀缩性、微结构及物理力学特征等物性变化规律，发现：①有机硅材料可有效改变泥岩的表面结构与性质，岩样表面水滴润湿角由 8.51°增加到 113.34°，由亲水性变为憎水性。②改性后孔裂隙形态变化不大，但总量明显减小，氮气吸附量由26.4882cm³/g 减少到 9.4773cm³/g，BET 比表面积由 13.0298m²/g 减少到 2.8564m²/g，孔隙最大孔径由 150nm 左右减小到 110nm 左右。③岩样自由膨胀率由 3.54%减少到 0.51%。④改性后岩样化学元素组成比例发生了较大变化，碳元素的大量增加和硫元素的出现表明改性材料已渗入岩样内部。⑤改性后岩样的强度显著增加，其中单轴抗压强度由 9.3MPa 增加到 26.05MPa，抗拉强度由 1.69MPa 增加到3.22MPa。针对干湿循环作用下岩石强度劣化引发工程岩体稳定性控制问题，柴肇云等[101]对砂岩进行有机硅材料改性试验，发现改性后砂岩的单轴抗压强度、弹性模量和变形模量明显提高，砂岩表面的负电性逐渐减弱至不带电，最后变为正电。

参 考 文 献

[1] 吴锋波, 尚彦军, 林达明, 等. 南水北调中线安阳段第三纪岩土施工工程分级. 南水北调与水利科技, 2011, 9(1): 11-17.

[2] 陈从新, 卢海峰, 袁从华, 等. 红层软岩变形特性试验研究. 岩石力学与工程学报, 2010, 29(2): 261-270.

[3] 孟召平, 彭苏萍. 泥岩组分特征及其对岩石力学性质的影响. 煤田地质与勘探, 2004, 32(2): 14-16.

[4] 谢和平. 岩石、混凝土损伤力学. 徐州: 中国矿业大学出版社, 1990.

[5] Wang D, Kang T, Han W, et al. Electrochemical modification of tensile strength and pore structure in mudstone. International Journal of Rock Mechanics & Mining Sciences, 2011, 48(4): 687-692.

[6] 朱珍德, 邢福东, 刘汉龙, 等. 红砂岩膨胀力学特性试验研究. 岩石力学与工程学报, 2005, 24(4): 596-600.

[7] 周应华, 周德培, 封志军. 三种红层岩石常规三轴压缩下的强度与变形特性研究. 工程地质学报, 2005, 13(4): 477-480.

[8] 封志军, 周德培, 周应华, 等. 红层软岩三轴应力应变全过程试验研究. 路基工程, 2005, (6): 32-35.

[9] 何满潮, 彭涛, 王瑛. 软岩沉积特征及其力学效应. 水文地质工程地质, 1996, (2): 37-39.

[10] 何满潮, 胡江春, 熊伟, 等. 岩石抗拉强度特性的劈裂试验分析. 矿业研究与开发, 2005, 25(2): 12-15.

[11] 李洪志, 何满潮. 膨胀型软岩力学化学性质研究. 煤, 1995, 4(6): 9-12.

[12] 周翠英, 邓毅梅, 谭祥韶, 等. 饱水软岩力学性质软化的试验研究与应用. 岩石力学与工程学报, 2005, 24(1): 33-38.

[13] 廖红建, 肖正华, 殷建华, 等. 软岩填土材料的浸水沉降与防治. 工程勘察, 2002, (1): 1-4.

[14] 张少华, 缪协兴, 赵海运. 试验方法对岩石抗拉强度测定的影响. 中国矿业大学学报, 1999, 19(5): 243-247.

[15] 赵法锁, 张伯友, 卢全中, 等. 某工程边坡软岩三轴试验研究. 辽宁工程技术大学学报(自然科学版), 2001, 20(4): 478-480.

[16] 赵法锁, 张伯友, 彭建兵, 等. 仁义河特大桥南桥台边坡软岩流变性研究. 岩石力学与工程学报, 2002, 21(10): 1527-1532.

[17] 陈文玲, 赵法锁. 云母石英片岩的三轴蠕变试验研究. 工程地质学报, 2007, 15(4): 545-548.

[18] 宋飞, 赵法锁, 卢全中. 石膏角砾岩强度特性试验研究. 公路, 2007, (11): 177-180.

[19] 张芳枝, 陈晓平, 吴煌峰, 等. 风化泥质软岩变形特性及邓肯模型参数的试验研究. 岩土力学, 2003, 24(8): 610-613.

[20] 刘新喜, 夏元友, 刘祖德, 等. 复杂应力下强风化软岩湿化变形试验研究. 岩石力学与工程学报, 2006, 25(5): 925-930.

[21] 刘新喜, 夏元友, 刘祖德, 等. 强风化软岩路基填筑适宜性研究. 岩土力学, 2006, 27(6): 903-907.

[22] 肖克强, 周德培, 李海波. 软岩高边坡开挖变形规律的物理模拟研究. 岩土力学, 2007, 28(1): 111-115.

[23] 李杭州, 廖红建, 盛谦, 等. 基于统一强度理论的软岩损伤统计本构模型研究. 岩石力学与工程学报, 2006, 25(7): 1331-1336.

[24] 孙钧. 岩土材料流变及工程应用. 北京: 中国建筑工业出版社, 1999.

[25] 刘光廷, 胡昱, 李鹏辉. 软岩遇水软化膨胀特性及其对拱坝的影响. 岩石力学与工程学报, 2006, 25(9): 1729-1734.

[26] 陈沅江, 吴超, 潘长良. 一种软岩结构面流变的新力学模型. 矿山压力与顶板管理, 2005, (3): 43-45.

[27] 陈沅江, 潘长良, 曹平, 等. 软岩流变的一种新力学模型. 岩土力学, 2003, 24(2): 209-214.

[28] 邓荣贵, 周德培, 张倬元, 等. 一种新的岩石流变模型. 岩石力学与工程学报, 2001, 20(6): 780-784.

[29] 曹树刚, 边金, 李鹏. 岩石蠕变本构关系及改进的西原正夫模型. 岩石力学与工程学报, 2002, 21(5): 632-634.

[30] 何峰, 王来贵, 于永江, 等. 岩石试件非线性蠕变模型及其参数确定. 辽宁工程技术大学学报, 2005, 24(2): 181-183.

[31] 王来贵, 何峰, 刘向峰, 等. 岩石试件非线性蠕变模型及其稳定性分析. 岩石力学与工程学报, 2004, 23(10): 1640-1642.

[32] 范庆忠, 高延法. 软岩蠕变特性及非线性模型研究. 岩石力学与工程学报, 2007, 26(2): 391-396.

[33] Hoek E, Bray J. Rock slope engineering. Revised second edition. London: The Institution of Mining and Metallurgy, 1977.

[34] Chugh Y P, Missavage R A. Effects of moisture on strata coal mines. Engineering Geology, 1981, 17(4): 241-255.

[35] 李先炜. 岩块力学性质. 北京: 煤炭工业出版社, 1983.

[36] 肖学沛, 李天斌. 某滑坡炭质软岩抗剪强度受含水量影响分析. 水土保持研究, 2005, 12(1): 75-78.

[37] 王义军, 李天斌, 王宝国. 某滑坡软弱夹层抗剪强度取值方法的研究. 中地质灾害与防治学报, 2004, 15(4): 25-28.

[38] 徐华, 李天斌, 肖学沛. 三峡库区安渡滑坡成因机制分析与稳定性预测. 水文地质工程地质, 2005, (4): 28-31.

[39] 康红普. 水对岩石的损伤. 水文地质工程地质, 1994, (3): 39-41.

[40] 戴广秀, 凌泽民, 石秀峰, 等. 葛洲坝水利枢纽坝基层内软弱夹层及其泥化层的某些工程地质性质. 地质学报, 1979, (2): 153-165.

[41] 王幼麟. 葛洲坝泥化夹层的成因及性状的物理化学探讨. 水文地质工程地质, 1980, (4): 1-7.

[42] 谭罗荣. 葛洲坝泥化夹层的物质组成特性. 岩土力学, 1984, 5(2): 27-34.

[43] 谭罗荣. 蚀变凝灰岩的微观结构特性与水稳定性的关系. 岩土工程学报, 1990, 12(6): 70-75.

[44] 张世右, 徐长佑, 陶伟声, 等. 裂隙充填蒙脱石对巷道稳定性的影响. 岩土力学, 1996, 17(4): 56-61.

[45] 康红普. 黏土类岩石与水损伤的特性分析//中国岩石力学与工程学会第三次大会论文集. 北京: 中国科学技术出版社, 1994.

[46] 钱家欢, 殷宗泽. 土工原理与计算. 北京: 中国水利水电出版社, 1996.

[47] Norrish K, Quirk J P. Crystalline Swelling of Montmorillonite: Use of Electrolytes to Control Swelling. Nature, 1954, 173(4397): 255-256.

[48] Van Olphen H. Compaction of clay sediments in the range of molecular particle distances. Clays and Clay Minerals, 1963, 11(1): 178-187.

[49] 谭罗荣. 蒙脱石晶体膨胀和收缩机理研究. 岩土力学, 1997, 18(3): 13-18.

[50] 谭罗荣, 孔令伟. 蒙脱石晶体膨胀规律及其与基质吸力关系研究. 中国科学(D 辑), 2001, 31(2): 119-126.

[51] Ballard T J, Beare S P, Lawless T A. Fundamentals of shale stabilisation: water transport through shales[J]. SPE Formation Evaluation, 1994, 9(2): 129-134.

[52] Chenever M C. Shale control with balanced activity oil continuous mud. Journal of Petroleum Technology. 1970, 22(10): 1309-1316.

[53] 王平全. 黏土表面结合水定量分析及水合机制研究. 成都: 西南石油学院, 2001.

[54] 李天太, 高德利. 页岩在水溶液中膨胀规律的实验研究. 石油钻探技术, 2002, 20(3): 1-3.

[55] 谭罗荣. 关于粘土岩崩解、泥化机理的讨论. 岩土力学, 2001, 22(1): 1-5.

[56] 刘长武, 陆士良. 泥岩遇水崩解软化机理的研究. 岩土力学, 2000, 21(1): 28-31.

[57] 黄宏伟, 车平. 泥岩遇水微观机理研究. 同济大学学报(自然科学版), 2007, 35(7): 866-870.

[58] 周翠英, 谭祥韶, 邓毅梅, 等. 特殊软岩软化的微观机制研究. 岩石力学与工程学报, 2005, 24(3): 3993-4000.

[59] 邓虎, 孟英峰. 泥页岩稳定性的化学与力学耦合研究. 石油钻探技术, 2003, 31(1): 33-36.

[60] 梁大川. 泥页岩水化机理研究现状. 钻井液与完井液, 1997, 14(6): 29-31.

[61] 王连国, 李明远, 王学知. 深部高应力极软岩巷道锚注支护技术研究. 岩石力学与工程学报, 2005, 24(16): 2889-2893.

[62] 康天合, 邹进海, 潘永前. 薄层状碎裂顶板综采切眼锚固参数与锚固效果. 岩石力学与工程学报, 2004, 23(增 2): 4930-4935.

[63] 张开智, 夏均民, 蒋金泉. 软岩锚杆强壳体支护结构及合理参数研究. 岩石力学与工程学报, 2004, 23(4): 668-672.

[64] 何满潮, 郭志飚, 任爱武, 等. 柳海矿运输大巷返修工程深部支护设计研究. 岩土工程学报, 2005, 27(9): 977-980.

[65] 邹正盛, 何满潮, 张征, 等. 白马矿强膨胀性软岩巷道稳定性控制研究. 世界地质, 1995, 14(3): 67-71.

[66] 高焕甫. 深井软岩强变形巷道新型支护设计. 淮南职业技术学院学报, 2007, 7(3): 22-24.

[67] 高军. 复合土钉支护技术在软岩高边坡防护中的应用及其作用机理. 河北科技大学学报, 2004, 25(2): 69-73.

[68] 曹兴松, 周德培. 软岩高边坡预应力锚索框架梁的一种新型设计方法. 公路交通科技, 2004, 21(8): 25-28.

[69] 杨明亮, 袁从华, 骆行文, 等. 高速公路路堑边坡顺层滑坡分析与治理. 岩石力学与工程学报, 2005, 24(23): 4383-4389.

[70] 金永军, 何满潮, 王树仁, 等. 适用于软岩边坡加固的压力分散型预应力锚索锚固机理研究. 土木工程学报, 2006, 39(4): 63-67.

[71] 曹兴松, 周德培. 软岩高边坡预应力锚索抗滑桩的设计计算. 山地学报, 2005, 23(4): 447-452.

[72] 周立荣, 向波, 周德培. 红层软岩边坡生态防护技术探讨. 地质灾害与环境保护, 2006, 17(4): 105-108.

[73] 柴肇云, 康天合, 李义宝, 等. 泥岩包覆改性及改性机理初步研究. 辽宁工程技术大学学报, 2008, 27(1): 1-3.

[74] Casagrande L. Electro-osmosis in soils. Geotechnique, 1949, 1(3): 159-177.

[75] Acar Y B, Gale R J, Alshawabkeh A N, et al. Electrokinetic remediation: basis and technology status. Journal of Hazardous Materials, 1995, 40(2): 117-137.

[76] Chappell B A, Burton P. Electro-osmosis applied to unstable embankment. Journal of Geotechnical Engineering Division, 1975, 101(8): 733-739.

[77] Smollen M, Kafaar A. Electroosmotically enhanced sludge dewatering: Pilot-plant study. Water Science & Technology, 1994, 30(8): 159-168.

[78] Yuan C, Weng C. Sludge dewatering by electrokinetic technique: Effect of processing time and potential gradient. Advances in Environmental Research, 2003, 7(3): 727-732.

[79] Jayasekera S, Mewett J, Hall S. Effects of electrokinetic treatments on the properties of a salt affected soil. Australian Geomechanics, 2004, 39(4): 33-46.

[80] Titkov N I. Electrochemical Induration of Weak Rocks. New York: Consultants Bureau, 1961.

[81] Pinzari U. Indagine sul trattamento elettrosmotico di un materiale argilloso. Geotecnica, 1962, 9(3): 101-114.

[82] Chilingar G. Effect of direct electrical current on permeability of sandstone cores. Journal of Petroleum Technology, 1970, 22(7): 8-17.

[83] Aggour M A, Muhammadain A M. Investigation of water-flooding under the effect of electrical potential gradient. Journal of Petroleum Science and Engineering, 1992, 7(3-4): 319-327.

[84] Aggour M A, Tchelepi H A, Yousef H Y. Effect of electroosmosis on relative permeability of sandstones. Journal of Petroleum Science and Engineering, 1994, 11(2): 91-102.

[85] Bernabeu A, Exp E, Montiel V, et al. A new electrochemical method for consolidation of porous rocks. Electrochemistry Communications, 2001, 3(3): 122-127.

[86] 宋宏伟. 电化学法巷道软岩变性方法初探. 中国矿业大学学报, 1998, 27(3): 239-241.

[87] 王东, 康天合, 柴肇云, 等. 电化学作用对蒙脱石软岩颗粒物沉降与体积膨胀性影响的试验研究. 岩石力学与工程学报, 2009, 28(9): 1876-1883.

[88] Wang D, Kang T, Han W, et al. Electrochemical modification of the porosity and zeta potential of montmorillonitic soft rock. Geomechanics and Engineering, 2010, 2(3): 191-202.

[89] Lo K Y, Ho K S, Inculet I I. Field test of electro-osmotic strengthening of soft sensitive clay. Canadian Geotechnical Journal, 1991, 28(1): 74-83.

[90] Chew S H, Karumaratne G P, Kuma V M, et al. A field trial for soft clay consolidation using electric vertical drains. Geotextiles and Geomembranes, 2004, 22(1-2): 17-35.

[91] Ou C, Chien S, Chang H. Soil improvement using electroosmosis with the injection of chemical solutions: field tests. Canadian Geotechnical Journal, 2009, 46(6): 727-733.

[92] Burnotte F, Lefebvre G, Grondin G. A case record of electro-osmotic consolidation of soft clay with improved soil-electrode contact. Canadian Geotechnical Journal, 2004, 41(6): 1038-1053.

[93] 王利亚, 张先亮. 有机硅化合物在玻璃表面形成憎水膜的研究. 江苏化工, 1998, 26(3): 16-18.

[94] 荣葵一. 有机硅材料对矿物界面改性. 矿产综合利用, 1996, (6): 21-25.

[95] 郭广生, 韩冬梅, 王志华. 有机硅加固材料的合成及利用. 化学化工大学学报, 2000, 27(1): 98-100.

[96] 廖原, 齐暑华, 王东红, 等. XD3 露天石质文物保护剂. 西北大学学报 (自然科学版), 2007, 37(3): 411-414.

[97] 柴肇云, 康天合, 杨永康, 等. 有机硅改性树脂对蒙脱石软岩包覆及其效果评价. 岩石力学与工程学报, 2009, 28(1): 81-87.

[98] 柴肇云, 康天合, 杨永康, 等. 高岭石软岩包覆改性的试验研究. 煤炭学报, 2010, 35(5): 734-738.

[99] 柴肇云. 物化型软岩包覆改性理论及应用. 北京: 煤炭工业出版社, 2011.

[100] 柴肇云, 郭卫卫, 康天合, 等. 有机硅材料改性泥岩物性变化规律研究. 岩石力学与工程学报, 2013, 32(1): 168-175.

[101] 柴肇云, 张亚涛, 张鹏, 等. 有机硅材料改性砂岩强度与 ξ 电位变化规律. 岩土力学, 2014, 35(11): 3073-3078.

第 2 章 泥岩的典型工程危害及矿物学特征

陈宗基在《地下巷道长期稳定性的力学问题》一文中指出，围岩膨胀是工程上最难对付的问题之一。对于具有势能的泥岩，其中含有片状结构的蒙脱石，其片状厚度约为几纳米，长约 0.1μm。这种片状结构，遇水时容易吸收水分产生膨胀，其势能很大，很难对付[1]。

2.1 泥岩的工程危害

在已见报道因泥岩的膨胀而引起的工程病害的工程不少。张金富[2]报道某铁路隧道工程中遇到的问题，其围岩主要为奥陶系泥岩，厚度达 30m，单层厚仅 2~3m，其物理力学指标见表 2-1。该隧洞原设计普氏强度 f 为 2~4，采用圆拱直墙衬砌方案。施工过程中，由于边墙永久初砌沿轴线呈纵向树枝状开裂与底板隆起，裂缝长达 7~8m，缝宽 0.3~0.5cm，隆起高度达 15~20cm，切断电缆槽与侧沟。施工一再降低 f 值，采用加厚衬砌与增设混凝土主柱等，均未奏效。后经补充试验研究认为围岩属膨胀岩，并采取改变洞形设计等措施后才取得成功。但由于早期对围岩性质认识不足，造成了时间和经济上的不应有损失。

表 2-1 奥陶系泥岩的物理力学指标[2]

天然含水量/%	天然密度/(kN/m³)	自由膨胀率/%	膨胀量/%	膨胀压力/kPa	无侧限抗压强度/MPa
12~12.3	23.9~24.3	50~67	13.2~19.9	58~236	1.113~3.019

刘长武和陆士良[3]则介绍了某煤矿巷道中沉积岩地层，尤其是中生代或新生代含有膨胀性矿物的泥岩，由于水的作用，巷道围岩完整性下降，强度降低，崩解软化特征非常明显，巷道累计变形量常常高达几十甚至几百厘米，支护结构经常遭受严重破坏。文献还对该煤矿一巷道穿越的软弱岩层进行了泥岩浸水崩解软化的室内试验研究。其主要物理力学参数的变化如表 2-2 所示。

表 2-2 泥岩浸水前后的物理力学指标

试验条件	容重/(g/cm³)	孔隙度/%	抗压强度/MPa	抗拉强度/MPa	黏结力/MPa	膨胀压力/MPa	自由膨胀率/%	软化系数
天然	2.52	5.1	13.7	1.14	2.33	—	—	—
软化	2.55	4.6	2.6	—	—	0.38	33.2	0.81
失水后浸水	—	—	—	—	—	—	—	1.0

注：软化试验为井下取出的天然岩样浸水饱和后的测试结果，可见软化样新增裂隙发育。失水后浸水样为软化样失水后再浸水，测泥岩很快崩解成碎屑，各项参数皆不可测，但其抗压强度丧失，软化系数可看作为 1。

对所研究泥岩的 X 射线衍射分析结果表明，其主要矿物成分为黏土矿物，占 84%～92%，其余为石英、钾长石等。黏土矿物中，高岭石占 31%。伊/蒙混层矿物占 66%，可见膨胀性黏土矿物含量相当高，其失水后再浸水时，崩解成碎屑泥状物。

龙口柳海矿开采过程中曾遇到各种工程地质和岩石力学问题。受新生代第三系泥岩膨胀的影响，包括运输大巷在内的井底车场巷道几乎全部破坏(图 2-1)，一度处于关闭停建状态。何满潮等[4]分析了其破坏特点和破坏原因，认为：压力主要来源是含油泥岩自身可塑性及上覆岩层自重，巷道揭露含油泥岩后，泥岩的成岩作用力失去平衡，集中释放，时间短，变形量大。在 7～10d 后，进入第二阶段，主要受巷道上覆岩层压力、构造地应力及岩石膨胀力三种作用力的综合作用。巷道围岩经过前阶段释放成岩作用力后，含油泥岩层面光滑，纵向节理发育，顶板下沉出现活动空间，在重力的作用下，逐渐波及上覆深部岩层，使其作用于巷道。泥岩膨胀力主要表现为巷道底臌，即错喷、空气湿度等水渗入底板含油泥岩以及底板承压含水层，补给含油泥岩，致使其吸水膨胀。

(a) 底臌　　　　　　　　　　　　　　　　(b) 顶板下沉

图 2-1　围岩变形破坏

对所研究泥岩的物质组成研究发现，其主要矿物成分为黏土矿物，占 44.2%～50.5%，其中黏土矿物的相对含量为：伊/蒙混层占 19%～21%，伊利石占 1%，高岭石占 78%～80%。属膨胀性泥岩，并采取针对性的预留刚隙柔层支护技术后才使巷道围岩的稳定性得以控制。

内蒙古平庄矿区古山立井开采中生代侏罗系煤层，在掘进北翼主要运输大巷西二采区运输石门时遇到泥岩问题，工程一度受阻。西二采区运输石门围岩岩性为灰黑色泥岩夹薄层砂砾岩，泥岩松散破碎，局部手抓可动，经常出现冒顶和塌落、剥离，超挖现象严重。砂砾岩多以透镜体状分布，由于镶嵌在松散泥岩中，随着泥岩的松动，砂岩块体也随之不稳。现场工程地质调查和室内物化试验表明，北翼大巷软岩具有膨胀性、崩解性和流变性等工程特性。全岩矿物 X-射线衍射分析表明[5]，泥岩中黏土矿物总量为 59.4%～69.5%，其中黏土矿物相对含量：伊/蒙混层为 65%～79%，伊利石为 3%～5%，高岭石为 11%～22%，绿泥石为 7%～8%。

　　在古生代石炭二叠系煤层开采中同样也受到了泥岩的困扰，内蒙古蒙西棋盘井煤矿位于桌子山背斜东翼，棋盘井逆断层和苛素乌逆断层间之南部，井田内断层褶曲较为发育，岩层结构复杂。现开采 9 号煤层，煤层伪顶为炭质泥岩，遇水泥化，风化后呈碎裂状，易离层冒落；直接顶大厚度泥岩为古生代石炭二叠纪软岩，强度低，吸水性较强，软化系数为 0.40，层厚 7.45～16.4m，平均厚度 9.72m，厚度起伏比较大，不易维护；基本顶为含裂隙水的厚层砂岩，局部含菱铁矿结核及铜质破碎产物，节理、裂隙非常发育，软化系数为 0.75。锚杆及锚索锚固范围内均无厚度较大的稳定岩层，巷道掘出 1 个月后，顶板网包严重、发生局部漏顶现象。现场用加密锚杆锚索、加长锚索等措施加强支护，但巷道掘出 4 个月以后，包括胶运顺槽在内的井底巷道基本全部破坏。为防止巷道出现大面积漏冒、坍塌，建设方被迫停止巷道的掘进，组织专家对巷道围岩的稳定性与合理的支护方案进行研讨。对顶板大厚度泥岩的研究发现[6]，其主要矿物成分为黏土矿物，含量高达 70.7%，其中绿泥石 7.72%，伊利石 25.68%，高岭石 37.3%。

　　西山煤电集团屯兰煤矿 12206 工作面开采时，瓦斯尾巷遭遇二叠系泥岩，在第一个回采工作面采过之前，无论多长时间，尾巷的变形量都很小，与其他普通巷道没有差别。第一个工作面采过 40m 以后，尾巷变形逐渐开始，在工作面后 60～130m 为变形剧烈期，在工作面后方 200m 基本稳定。变形特征为底板穹隆鼓起崩裂，顶板弯曲下沉，两帮整体内移，个别地段塑料网鼓包为主，见图 2-2。两帮平均移近量 1.0～1.5m，个别地段移近量 1.8～2.0m；顶底板移近量 1.3～1.8m，个别

(a) 顶底板移近　　　　　　　　　　　　　　(b) 底臌

图 2-2　瓦斯尾巷围岩变形破坏特征

地段移近量 2m 以上，严重制约着矿井的正常生产。根据太原理工大学采矿工艺研究所的研究，12206 工作面瓦斯尾巷顶底板均为薄层状遇水软化和膨胀的复合软岩，其矿物成分以高岭石和伊利石为主，高岭石含量 38%～43%，伊利石含量 22%～28%[7]。第一个工作面推过之后，周期来压步距和侧向大厚度岩梁悬露面积大，时间长，使尾巷长期处于高应力的作用之下，再者基本顶砂岩为裂隙含水层，第一个工作面推过之后，大量顶板水流向尾巷，使其泥岩底板长期处于矿井水的浸泡之中软化膨胀。

在铁路公路建设中，泥岩膨胀引发的工程问题同样触目惊心。南昆铁路那厘-百色段遭遇第三系泥岩地段，内昆线贵州境内老锅厂——李子沟段长约 14km 的线路，在铁路施工开挖中，路堑、路堤、涵洞基础基坑普遍发现以黑色炭质泥岩为主的岩层全风化带，给施工带来很大不便[8]。在我国西南地区广泛分布的红层软岩同样给铁路、公路、水电等工程的修建带来不小的麻烦，然而红层边坡的地质灾害除滑坡、错落、崩塌、落石、泥石流外，泥岩边坡表面的风化剥落同样不容小视。重庆—涪陵高速公路、重庆—合川高速公路、重庆—綦江高速公路、成都—南充高速公路、遂宁—重庆铁路、重庆—怀化铁路均遇到了红层软岩边坡的风化剥落问题。通常新开挖的路堑边坡表层能保持较好的完整性，然而，经过火热夏季及湿冷冬季的季节性交替之后，泥岩边坡表层风化裂隙密布，表层 10cm 以内的泥岩被风化裂隙切割成 2～8cm 的碎块，一块碎块已安全与坡体分离。挖开被风化裂隙切割的表层，泥岩仍保持相对的完整。薄层泥岩表面多为球形状，风化物呈碎粒堆积于坡面或坡脚(图 2-3)，给道路上行驶的车辆造成安全隐患。

　　　　　(a) 新开挖　　　　　　　　　　　　(b) 经历寒暑交替后

图 2-3　红层泥岩表面变化[9]

上述提到的泥岩问题，主要表现在工程开挖后由于岩体暴露引起的一系列工程稳定性控制问题。另外，由于地质构造作用，在岩体深层内部存在一些工程隐患问题。如某些坝基开挖所揭露的泥化夹层，它们不是开挖后才形成的，而是在历史上就已经形成并深藏于地下的泥质夹层，在葛洲坝水利枢纽工程修筑时，坝基下就存在泥化夹层。谭罗荣和孔令伟[10]比较了葛洲坝的黏土岩与其相邻泥化物的各项指标，发现泥化物的各项指标皆明显不同于相邻未泥化的岩类，见表 2-3。其中泥化层的强度指标及含水量、干密度等直接影响着坝基的运行状态，这些指标都明显劣于相邻未泥化岩层。因此，坝基岩层中的泥化夹层，构成了坝基稳定运行的隐患。

表 2-3　葛洲坝黏土岩与相邻泥化物的物理力学指标

岩性	含水量/%	干密度/(g/cm³)	孔隙比/MPa	抗压强度/MPa	抗剪强度		膨胀压力/kPa
					c/MPa	f	
黏土岩	32.5	1.44	0.939	0.645	13.0	0.187	99
黏土岩	8.4	2.22	0.275	—	50	0.44	104
黏土岩	9.9	2.17	0.288	1.32	28.4	0.305	39
泥化物	23.0	1.63	—	—	4.2	0.198	—
泥化物	50.0	1.31	—	—	7.2	0.160	—
黏土岩	39.0	1.33	1.015	—	—	—	—
泥化物	24.9	1.62	0.67	—	21	0.240	—
黏土岩	9.5	2.20	0.25	—	67	0.287	—
泥化物	48.7	1.18	1.32	—	13	0.194	—
黏土岩	12.8	2.04	0.33	—	45	0.458	—
泥化物	49.7	1.19	1.23	—	20	0.202	—
黏土岩	40.6	1.30	1.06	—	—	—	—

2.2　煤系地层泥岩的成因

2.2.1　泥岩所含黏土矿物

　　泥岩是由直径不超过 1/16mm 的细颗粒矿物组成的，它占沉积岩总量的近50%。泥岩以黏土矿物为主要造岩矿物，也包含许多细颗粒的石英、长石和其他矿物。在煤系地层中，泥岩的主要黏土矿物成分有高岭石、蒙脱石、伊利石、绿泥石和伊蒙混层等 5 种。

　　高岭石的晶格构造是由一层硅氧四面体晶片和一层铝氧(羟基)八面体晶片结合而成的，属 1:1 型矿物，理论结构式为 $Al_4(Si_4O_{10})(OH)_8$，晶体结构见图 2-4(a)[11]。因每个硅氧四面体具有一个负电荷，每个铝氧(羟基)八面体带有一个正电荷，这些符号相反的电荷，使两者以离子键形式牢固地连结，组成一个单位晶胞，厚约 0.7nm。高岭石的构造就是这种晶胞沿 a、b 方向无限延伸和沿 c 的方向相互叠置而成。硅氧四面体的顶角都朝着同一个方向，指向硅氧四面体和铝氧(羟基)八面体组成的单位晶胞中央。四面体顶角和八面体顶角合二为一，而公共的原子是氧而不是氢氧。除这些共有顶角外，八面体顶角均为 OH 离子占有。硅氧四面体和铝氧(羟基)八面体单位晶胞的一边为硅氧四面体底面的氧离子出露，在另一边则是铝氧(羟基)八面体的氢氧离子出露，相邻晶胞的氧离子与氢氧离子彼此双双靠近，为两层间的氢键所联。虽然其单位晶胞的晶面是解理面，但不像其他以氧晶面连结的黏土矿物那样显著，晶胞间不能吸收无定量的水分子，由于是氢键连结，相对离子键来说其连结力较弱，所以也能沿解理面破碎成细小的薄片，但不能形成单个的晶片，而是几个晶片集合在一起。结晶程度高，晶体发育完善的高岭石晶体，在电镜下表现为等边六边形。但事实上，高岭石晶体常因结晶条件不同，晶棱残缺或不整齐，彼此间呈杂乱堆积，见图 2-4(b)。高岭石颗粒平整的表面上带有负电荷，与水作用时，吸附极性水分子形成水化膜，具有较大的可塑性。

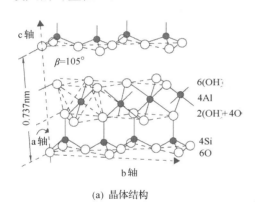

(a) 晶体结构

(b) 扫描电镜图片

图 2-4　高岭石晶体结构

　　蒙脱石的晶格构造是由许多相互平行的单位晶胞组成的，其晶胞的上、下面都为硅氧四面体晶片，而中间夹着一片铝氧(羟基)八面体晶片，属 2∶1 型矿物，理论结构式为 $2Al_2(Si_4O_{10})(OH)_2 \cdot nH_2O$[11]，晶体结构见图 2-5(a)[11]。蒙脱石的所有四面体的顶角都指向构造单位中央，四面体的顶角与八面体的顶角相结合，其公共的原子层为氢而不是氢氧。蒙脱石的晶格构造就是许多硅氧-铝氧(羟基)-硅氧组成的单位晶胞沿 a 和 b 方向延伸，并顺着 c 轴方向一层层叠置而成，单位晶胞厚约 0.9nm。由于晶胞的两边为带负电荷的硅氧四面体，各单位的氧层与邻近单位的氧层相接，相邻晶胞间的连接力极弱，存在着良好的解理，因此水分子及交换阳离子可无定量地进入其间，使蒙脱石晶格沿 c 轴方向膨胀，其 c 轴方向的尺寸不是固定的，相邻晶胞间距决定于吸附的水分子层的厚度。若每个硅氧四面体

底面吸附约 **20nm** 厚的水分子，则相邻晶胞的最大距离可达 **40nm**，此时两晶胞间几乎没有连结力。由于蒙脱石晶格具有吸水膨胀的性能，相邻晶胞间的连结力很弱，可分散成细小的鳞片状微粒，晶体形状常呈弯曲的层片状、揉皱的不规则毛毡状和蜂窝状，见图 2-5(b)。铝氧(羟基)八面体中的 Al^{3+}、Fe^{3+} 可被 Fe^{2+}、Ca^{2+}、Mg^{2+} 等离子取代，而形成蒙脱石组的各种不同的矿物。如果 Al^{3+} 离子被二价阳离子取代，则相邻晶胞间除能吸附水分子外，尚有一定量的一价阳离子补偿晶胞中正电荷的不足。这样硅氧-铝氧(羟基)-硅氧单位晶胞间的连结力稍有提高。因蒙脱石矿物具有强烈的膨胀性，因此当软岩中蒙脱石含量多时，具有高度的亲水性。

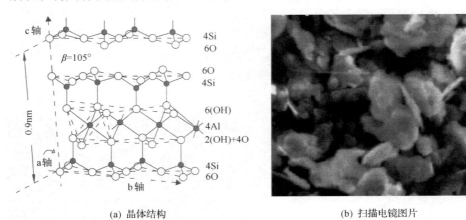

(a) 晶体结构　　　　　　　　　　　(b) 扫描电镜图片

图 2-5　蒙脱石晶体结构

　　伊利石是含钾量高的原生矿物经过化学风化的初期产物，理论结构式为 $KAl_2(AlSi_3O_{10})(OH)_2 \cdot H_2O$，晶体结构见图 2-6(a)[11]。其结晶桁架的特点与蒙脱石极为相似，每个晶胞也是由两片硅氧四面体晶片中间夹一片铝氧(羟基)八面体片

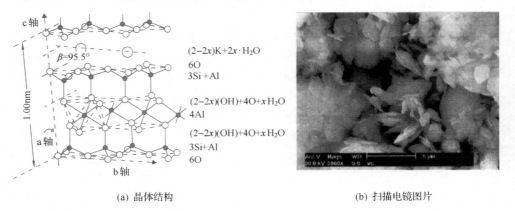

(a) 晶体结构　　　　　　　　　　　(b) 扫描电镜图片

图 2-6　伊利石晶体结构

构成的 2:1 型矿物。两片硅氧四面体的顶角均指向单位晶胞的中央，单位晶胞沿a、b 方向延伸，沿 c 方向叠置，所不同的是，四面体层之间，氧层的六角形网眼中嵌有 K^+ 离子，形成一种强键，致使水分子难以进入晶层，显现出的膨胀性远低于蒙脱石。伊利石主要是或完全是由 K^+ 离子补偿晶层间的正电荷不足，同时层间平衡钾离子是不可交换的。伊利石相邻晶胞由层间钾离子连结，层间连结力较高岭石弱，但比蒙脱石强，形成的片状颗粒大小处于蒙脱石和高岭石之间。在扫描电镜下，伊利石常呈不规则的棉球状、片状、鳞片状或丝状集合体，见图2-6(b)。

　　绿泥石是结构上类似于伊利石的 2:1 型含水层状铝硅酸盐，一般化学式为 $[(Mg,Fe^{2+})_{6-n}(Al,Fe^{3+})_n][Al_nSi_{4-n}]O_{10}(OH)_8$，其中，$n$ 为 0.6~2 或 0.8<n<1.6。所不同的是它多出一个氢氧镁石(水镁石)八面体片。绿泥石的阳离子交换容量比蒙脱石少，近似于伊利石。在绿泥石两个硅氧四面体片夹一个八面体片结构中，由于低价 Al^{3+} 置换高价 Si^{4+} 所造成的正电荷亏损，由其附加在晶层间的八面体晶片中的高价阳离子 Al^{3+} 置换低价阳离子 Mg^{2+} 所赢得正电荷来平衡。可见，绿泥石的晶层间连接力，除了范德华引力和水镁石八面体上 OH 原子形成的氢键外，就是阳离子交换后形成的静电力，所以，绿泥石一般不具有膨胀性。

2.2.2　黏土矿物成因分析

　　泥岩所含黏土矿物的成因大致有：异地风化残积物被搬运至聚煤区沉积而成，原地风化残积物就地经过改造再沉积而成，火山灰和凝灰岩蚀变而成三种。

1. 异地风化残积物被搬运至聚煤区沉积而成

　　此类软岩母岩多为寒武纪以前的花岗岩、片麻岩和中性火山岩。这些物质中的长石、云母类原生矿物，在潮湿气候、酸性条件下，经化学风化以及强烈的淋滤作用后，形成高岭石。长石发生高岭石化一般有以下三种形式：

　　钾长石与溶有二氧化碳的水作用形成高岭石，化学式为

$$2KAlSi_3O_8 + CO_2 + 2H_2O \Longleftrightarrow Al_2Si_2O_5(OH)_4 + 4SiO_2 + K_2CO_3 \quad (2\text{-}1)$$

　　钾长石与水作用形成高岭石，化学式为

$$2KAlSi_3O_8 + 11H_2O \Longleftrightarrow Al_2Si_2O_5(OH)_4 + 4H_4SiO_4 + 2K^+ + 2OH^- \quad (2\text{-}2)$$

　　钠长石与水作用及离子交换作用形成高岭石，化学式为

$$2H^+ + 2NaAlSi_3O_8 + 9H_2O \Longleftrightarrow Al_2Si_2O_5(OH)_4 + 2Na^+ + 4H_4SiO_4 \quad (2\text{-}3)$$

　　碱金属和氧化硅被搬运出去，高岭石等黏土矿物则在长石原来的地方残留下

来，就地富集了 Al_2O_3，并呈分散悬浮粒子或胶体粒子的形式被水搬运。铁、铝的氢氧化物以正性胶体，氧化硅以负性胶体的形式，在腐殖酸溶液的保护下，在河水中呈稳定状态进行长距离的搬运。当注入沼泽或泥炭沼泽盆地时，pH 值的下降(河水中 pH 值一般为 6，沼泽中则为 4)，使得颗粒表面正电荷增加，颗粒的端面与底面结合成为大颗粒而沉淀。这种富含高岭石的软岩一般为致密块状、结核状或充填于植物细胞腔中，常见于煤层底板。在含煤地层中，由于存在大量的有机质和腐殖酸，有利于黏土物质的搬运，也有利于高岭石的形成。以碎屑形式被搬运的高岭石量很少，一般含有一定的粉砂，中具水平层理、缓波状层理，含植物叶化石，多数为煤层顶板。产在碎屑岩中的黏土矿物，它们是长石、云母等铝硅酸盐类矿物在搬运过程或聚煤盆地中后期风化沉积而成的。伊利石的成因有两种，一是物源区搬运来的原生沉积伊利石，二是在气温稍低、弱碱性条件下，长石、云母等铝硅酸盐矿物风化脱钾后形成的。但是若气候变得热湿，化学风化进行得彻底，则碱金属(主要是 K^+)被带走，伊利石将进一步分解为高岭石。而那些在搬运过程中未经流失的胶体二氧化硅，经漫长的成岩作用最终形成石英。

2. 原地风化残积物就地经过改造再沉积而成

此类软岩主要是奥陶纪碳酸盐经长期的风化地球化学作用后，形成残积风化壳。这些物质在海水中，由于 pH 值增加($pH \geqslant 8$)，Al_2O_3 和 SiO_2 溶解，以溶液的形式进入海水中，而 Fe_2O_3 由于在碱性条件下处于不溶解状态而位于下部，Al_2O_3 和 Fe_2O_3 分离。上部 Al_2O_3 浓度不断增加，当达到饱和状态时，就可以沉淀。此外也可能是由于淡水的补给使 pH 值降低(淡水 $pH \leqslant 7$)，使溶解度较大的 Al_2O_3 沉淀，经成岩作用形成铝土矿或含铝黏土岩。

3. 火山灰和凝灰岩蚀变而成

凝灰岩或玻璃质火山灰(岩)在中性或弱碱性环境下(pH 值为 7~8.5)，通过地下水作用，直接分解转化为蒙脱石。在偏碱性的还原或弱还原的相对比较稳定的水介质环境下，蒙脱石类及其他黏土矿物凝聚沉淀而形成蒙脱石黏土岩。与此同时，铁的氢氧化物在还原条件下生成自形晶体的黄铁矿。此外，在成矿期受海水影响，蒙脱石在碳酸钙型水的长期作用下会发生部分钙化，过饱和的碳酸钙则结晶为方解石。由于碱性介质是形成和保持蒙脱石必不可少的条件，而这一条件只有在弱循环介质系统中才能获得，因此蒙脱石矿物不稳定，会逐渐蚀变形成伊利石、高岭石和绿泥石，而伊/蒙混层矿物则是成岩过程中，由蒙脱石向伊利石转变的过渡产物。

2.3   泥岩的物质组成

泥岩的矿物成分包括黏土矿物和碎屑矿物。碎屑矿物包括石英、长石、云母、方解石、黄铁矿等。黏土矿物主要为蒙脱石、伊利石、高岭石、绿泥石和伊/蒙混层矿物等，它是影响泥岩工程性质的重要因素。泥岩的某些物理性质指标及力学性质指标在很大程度上受岩块的物质组成，如颗粒大小、胶结特性等的控制。图 2-7 为国内部分矿区煤系泥岩的 X 射线衍射图谱，表 2-4 所示为国内部分矿区不同成岩地质历史时期煤系泥岩的物质组成。从中可以看出，所研究的泥岩中黏土矿物含量跨度较大，为 5%～74.2%,高岭石含量 1.8%～40%,伊利石含量 2.1%～45%，蒙脱石含量 5%～54.2%，绿泥石含量 4.9%～20%。多数情况下含 2～3 种黏土矿物。

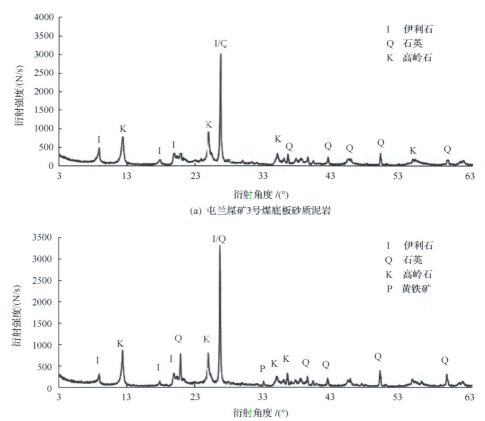

(a) 屯兰煤矿3号煤底板砂质泥岩

(b) 李雅庄煤矿砂质泥岩(北运输巷)

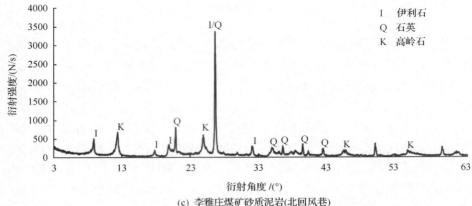

(c) 李雅庄煤矿砂质泥岩(北回风巷)

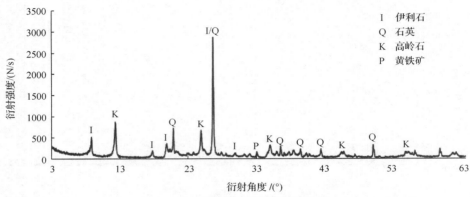

(d) 五虎山煤矿9号煤底板泥质页岩

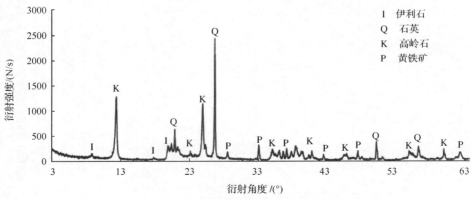

(e) 利民煤矿16号煤底板砂质泥岩

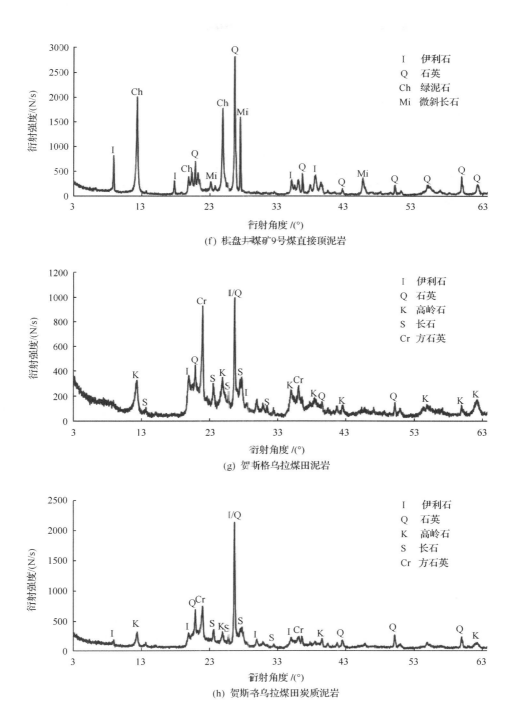

(f) 棋盘井煤矿 9 号煤直接顶泥岩

(g) 贺新格乌拉煤田泥岩

(h) 贺斯格乌拉煤田炭质泥岩

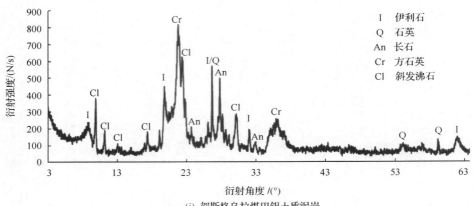

(i) 贺斯格乌拉煤田铝土质泥岩

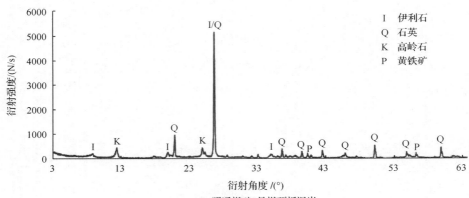

(j) 昭通煤矿7号煤顶板泥岩

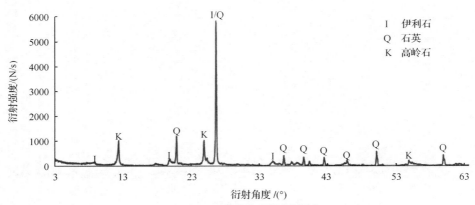

(k) 昭通煤矿7号煤底板泥岩

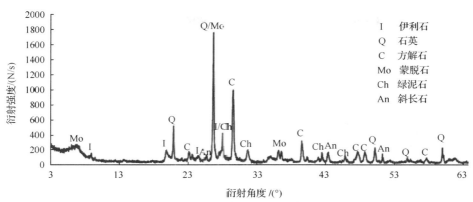

（1）洼里煤矿1号煤底板2m含油页岩

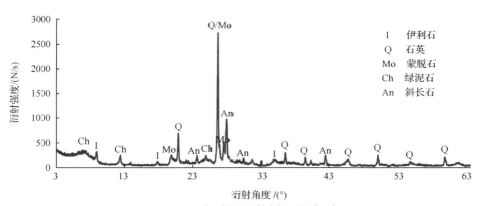

（m）洼里煤矿1号煤底板6m泥质页岩

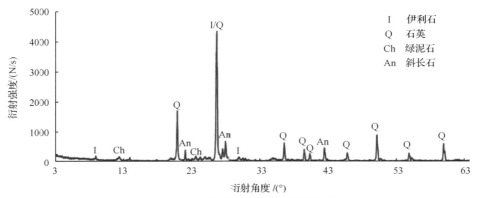

（n）洼里煤矿2号煤直接顶泥质页岩

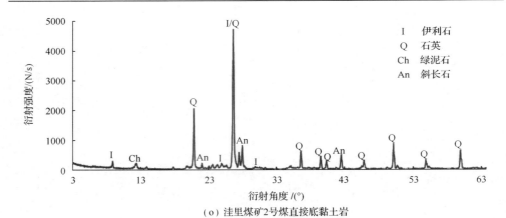

（o）洼里煤矿2号煤直接底黏土岩

图 2-7　泥岩岩样的 X 射线衍射图谱

表 2-4　泥岩的物质组成

采样点	成岩期	岩性	石英/%	高岭石/%	伊利石/%	蒙脱石/%	绿泥石/%	其他矿物/%
屯兰煤矿	古生代石炭系-二叠系	砂质泥岩	35	40	25	—	—	—
李雅庄煤矿		砂质泥岩	35	40	15	—	—	黄铁矿 5
		砂质泥岩	40	30	25	—	—	—
唐安煤矿		泥岩	40	10	45	—	—	钙长石 5
		泥岩	38	10	45	—	—	钙长石 7
高良煤矿		泥岩	45	15	35	5	—	—
		泥岩	50	10	35	5	—	—
五虎山煤矿		泥质页岩	30	40	20	—	—	黄铁矿 5
余吾煤矿		砂质泥岩	55	29	8	—	—	沸石 8
利民煤矿		砂质泥岩	30	40	5	—	—	黄铁矿 20
棋盘井煤矿		泥岩	30		10	—	20	微斜长石 20
贺斯格乌拉煤田	中生代侏罗纪	泥岩	20	20	5	—	—	方石英 40，长石 10
		炭质泥岩	25	20	5	—	—	方石英 20，长石 10
		铝土质泥岩	10	—	5	—	—	方石英 30，斜发沸石 20，长石 10
古山立井		泥岩	21	14.3	3.3	42.1*	5.2	钠长石 5.4，钾长石 2.7，菱铁矿 2.0，黄铁矿 1.8，白云石 2.0

续表

采样点	成岩期	岩性	石英/%	高岭石/%	伊利石/%	蒙脱石/%	绿泥石/%	其他矿物/%
古山立井	中生代侏罗纪	泥岩	18.1	7.6	2.1	54.9*	4.9	钠长石 4.3，钾长石 2.9，菱铁矿 1.7，黄铁矿 1.9，白云石 1.6
大雁三矿		凝灰质泥岩	13.8	2.2	—	72	—	长石 12
		砂质泥岩	24.7	23.7	4.5	22.2	—	长石 24.9
柳海煤矿	新生代第四纪	油页岩	41.4	1.8	3.6	54.2	—	—
		含油泥岩	39.4	12.1	6.1	47.8	—	—
洼里煤矿		油页岩	20	—	5	20	5	斜长石 10，方解石 15
		泥质页岩	40	—	10	20	10	斜长石 10
		泥质页岩	80	—	5	—	5	斜长石 5
		黏土岩	80	—	5	—	5	斜长石 10
昭通煤矿		泥岩	60	20	10	—	—	黄铁矿 5
		泥岩	60	30	5	—	—	—

注：* 为伊/蒙混层矿物。

表 2-5 所示为国内部分矿区不同成岩地质时期泥岩化学成分定量分析结果。从表 2-5 中可以看出，煤系地层泥岩的主要化学成分为 SiO_2、Al_2O_3、Fe_2O_3 和 K_2O，其中 SiO_2 含量最多，为 48.08%～78.25%；其次为 Al_2O_3，含量 10.18%～29.18%；Fe_2O_3 含量为 1.14%～5.84%；K_2O 含量为 0.94%～2.98%；TiO_2 和 MgO 含量最少，但少数样品也高达 1.70%和 1.59%，可能样品中含钛矿物和含镁矿物存在的缘故，烧失量(LOI)波动范围较大，为 4.53%～19.42%，是因组成软岩的黏土矿物中含不等的结晶水、结构水以及吸附水所致。对含高岭石软岩样品(表中带*号)而言，Al_2O_3 与 SiO_2 比值为 0.25～0.52，明显低于高岭石($2SiO_2 \cdot Al_2O_3 \cdot 2H_2O$)的理论比值 0.85。由于其他氧化物含量低，则表明样品是以石英和高岭石族矿物为主。不含高岭石的软岩样品，矿物则以石英、伊利石、蒙脱石和绿泥石为主，Na_2O 含量相对较高，为 1.43%～1.96%，说明样品中含有一定量的钠蒙脱石或钠长石。此外，洼里 1 号煤底板 2m 处含油页岩样品中 CaO 含量高达 12.4%，充分说明样品中含有大量的方解石。

表 2-5　泥岩化学成分定量分析结果

采样点	岩性	SiO₂ /%	Al₂O₃ /%	TiO₂ /%	TFe₂O₃ /%②	MnO /%	MgO /%	CaO /%	Na₂O /%	K₂O /%	P₂O₅ /%	LOI /%③	总计 /%	Al₂O₃ /SiO₂
屯兰煤矿①	砂质泥岩	50.55	24.47	1.11	1.14	0.01	0.40	0.19	0.18	2.76	0.03	19.28	100.1	0.48
李雅庄矿①	砂质泥岩	55.45	22.99	0.85	3.82	0.02	0.81	0.32	0.38	1.84	0.08	13.14	99.7	0.41
	砂质泥岩	56.91	23.25	1.02	4.57	0.03	0.89	0.37	0.38	2.40	0.04	9.30	99.2	0.41
五虎山煤矿①	泥质页岩	53.58	25.13	1.04	3.52	0.03	0.72	0.18	0.14	2.98	0.09	12.24	99.6	0.47
利民煤矿①	砂质泥岩	48.75	25.19	1.66	5.84	0.03	0.20	0.11	0.13	0.94	0.06	16.65	99.6	0.52
棋盘井煤矿	炭质泥岩	52.53	29.18	0.87	1.40	0.01	0.38	0.13	0.63	1.71	0.06	12.41	99.31	—
贺斯格乌拉煤田①	泥岩	59.66	23.20	0.68	2.61	0.02	0.37	0.53	0.80	2.27	0.07	8.92	99.1	0.39
	炭质泥岩	59.64	14.78	0.53	1.58	0.03	0.31	0.52	1.07	2.44	0.04	19.42	100.4	0.25
	铝土质泥岩	71.86	12.67	0.20	2.93	0.03	0.63	1.13	1.60	0.96	0.04	6.27	98.3	—
昭通煤矿①	泥岩	62.53	16.69	1.03	4.85	0.01	1.07	0.42	0.38	1.80	0.06	10.57	99.4	0.27
	泥岩	62.74	20.42	1.70	1.43	0.01	0.71	0.23	0.19	1.92	0.05	10.28	99.7	0.33
洼里煤矿	含油页岩	48.08	10.18	0.46	5.49	0.15	1.59	12.4	1.49	2.01	0.19	17.99	100.1	—
	泥质页岩	60.65	15.92	0.63	5.39	0.09	1.46	0.98	1.96	2.35	0.10	10.29	99.83	—
	泥质页岩	78.25	10.27	0.73	1.30	0.01	0.40	0.35	1.46	2.10	0.05	4.53	99.45	—
	黏土岩	76.22	10.25	0.68	1.21	0.01	0.42	0.36	1.43	2.10	0.05	6.58	99.32	—

　　注：①矿物成分中含高岭石；②成分中的 TFe₂O₃ 是样品中的全铁含量，但以三氧化二铁形式表示；③LOI 是样品在 1000℃ 的灼烧减重。

参 考 文 献

[1]　陈宗基. 地下巷道长期稳定性的力学问题. 岩石力学与工程学报, 1982, 1(1): 2-19.

[2]　张金富. 膨胀岩土与地下工程.// 我国首届膨胀土科学研讨会论文集. 成都: 成都交通大学出版社, 1990: 255-260.

[3]　刘长武, 陆士良. 泥岩遇水崩解软化机理的研究. 岩土力学, 2000, 21(1): 28-31.

[4]　何满潮, 郭志飚, 任爱武, 等. 柳海矿运输大巷返修工程深部软岩支护设计研究. 岩土工程学报, 2005, 27(9): 977-980.

[5]　何满潮, 杨晓杰, 孙晓明, 等. 中国煤矿软岩黏土矿物特征研究. 北京: 煤炭工业出版社, 2006.

[6]　杨永康, 季春旭, 康天合, 等. 大厚度泥岩顶板煤巷破坏机制及控制对策研究. 岩石力学与工程学报, 2011, 30(1): 58-67.

[7]　柴肇云. 物化型软岩包覆改性的基础理论及其应用. 太原: 太原理工大学, 2008.

[8]　李海光. 路基工程中软质岩边坡的几种不良地质现象及其防治. 岩石力学与工程学报, 2002, 21(9): 1404-1407.

[9]　杨宗才, 张俊云, 周德培. 红层泥岩边坡快速风化特性研究. 岩石力学与工程学报, 2006, 25(2): 275-283.

[10]　谭罗荣, 孔令伟. 特殊岩土工程土质学. 北京: 科学出版社, 2006.

[11]　岳华, 王毓华, 王淀佐, 等. 铝硅矿物浮选化学与铝土矿脱硅. 北京: 科学出版社, 2004.

第3章 泥岩的表面性质与孔裂隙特征

泥岩块体及其颗粒表面发育有大量大小不一、形状各异的微孔，无数的台阶和微裂隙，这种表面物理状态使其表面力场变得不均匀，致使表面活性、表面能、比表面积、内外比表面积比值以及相关的强度、密度、吸湿性、透气性、浸透性发生变化。因此，要进行泥岩改性，首先就要对泥岩矿物的表面结构和表面性质有较深入的了解，弄清它们的结构特点与表面性质的关系以及和矿物的物质组成、晶体结构、键型、表面形貌和外界环境的关系。

3.1 泥岩的表面凹凸形貌特征

泥岩表面凹凸形貌特征是影响改性材料与泥岩表面结合强度的重要因素[1]。如果泥岩表面很平滑，改性材料要靠几何面积上界面的吸引力附着，显然，这种附着力是不强的；如果凹凸表面具有一定的粗糙度，有凹缝和微孔，使改性材料与泥岩表面的接触面积远大于其几何面积，增加了界面的吸引力。改性材料渗入到粗糙表面上的凹缝、微孔并固化，类似于用燕尾楔将两块木板相互连结，大大增强了改性材料与泥岩表面的界面结合强度。

扫描电镜是介于透射电镜和光学显微镜之间的一种微观形貌观察仪器，可直接利用样品表面的物质性能进行微观成像[2]。与透射电镜和光学显微镜相比，扫描电镜具有放大倍数大，放大倍数之间连续可调；景深大，视野大，成像富有立体感，可直接观察各种试样凹凸不平表面的细微结构；试样制备简单等优点。实验采用 LEO1450VP 扫描电子显微镜，获得泥岩试样表面凹凸形貌特征图像，见图 3-1(a)。样品表面的凹凸不平在形貌图像上均有特定的灰度值与之对应，借助于数字图像处理技术，三维重构后可得到样品表面凹凸形貌特征的三维立体图像，见图 3-1(b)。因此，可以通过对样品形貌图像的分析来表征样品表面凹凸不平特征。

采用 Slit Island Analysis 法[3, 4]对泥岩表面凹凸形貌特征进行定量研究。Slit Island Analysis 法是由 Mandelbrot 等提出的表征岩石表面粗糙度的一种方法。测量时，对岩石断口表面镀金使之导电，然后平行于断口平面磨去一层并抛光，则凸起部分的岩石称为"岛"，而没有磨到的区域称为"湖"，这些"湖"和"岛"的尺寸随着磨层深度的增加而变化。利用图像分析仪可以非常方便和迅速地得出一系列"岛"的周长 P_i 和相应的面积 A_i，在 lg$P$-lg$A$ 的双对数坐标中，如能呈直线排列，则直线斜率的 2 倍就是分形维数 D。通过分形维数 D 来表征岩石表面粗糙度，分形维数 D 越大，说明岩石表面越粗糙。传统的测量方法需不断磨平抛光岩样表面，比较烦琐。在此则通过对三维重构后得到的样品表面立体图像进行阈值分割和锐化处理，得到相应的"岛"和"湖"，改变阈值，"岛"、"湖"尺寸随之改变，图 3-2 所示为图 3-1(b)经不同阈值分割后得到的"岛"(黑色)和"湖"(白色)。

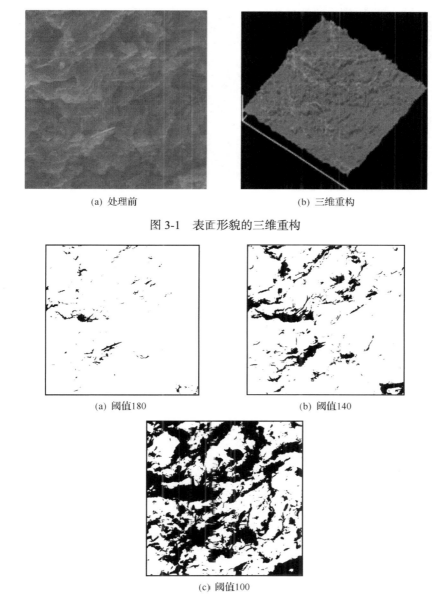

(a) 处理前　　　　　　　　　　　　　(b) 三维重构

图 3-1　表面形貌的三维重构

(a) 阈值180　　　　　　　　　　　　　(b) 阈值140

(c) 阈值100

图 3-2　三维重构图像的阈值分割

为方便起见，实验中统一采用放大 2000 倍的图像进行计算机处理，分析区域面积 10μm×10μm，每种岩样分析 5 个区域，对 5 个区域的分形维数取平均，作为该岩样表面凹凸形貌的分形维数。图 3-3 和图 3-4 所示分别为双对数坐标下五虎山煤矿泥质页岩和洼里煤矿泥质页岩表面分析区域内"岛"周长与面积的关系曲线，表面凹凸形貌的分形维数计算值见表 3-1。从表 3-1 中可以看出，五虎山煤矿泥质页岩表面凹凸形貌的分形维数为 1.6114，洼里煤矿泥质页岩表面凹凸形貌的分形维数为 1.8096。说明两种泥岩表面均具有大量的微凹凸，与改性材料相接触时，能够形成强有力的界面胶结。

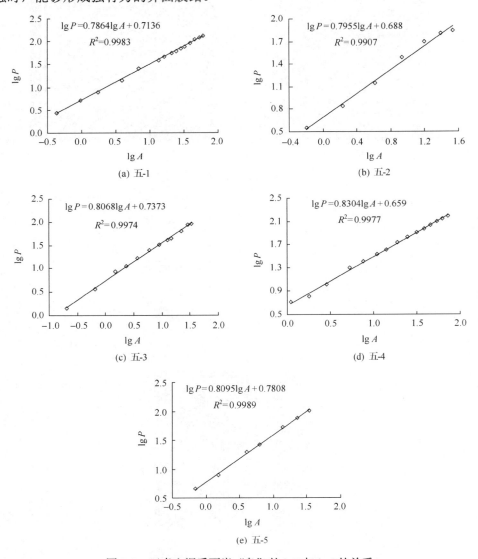

图 3-3　五虎山泥质页岩"岛"的 lg$P$ 与 lg$A$ 的关系

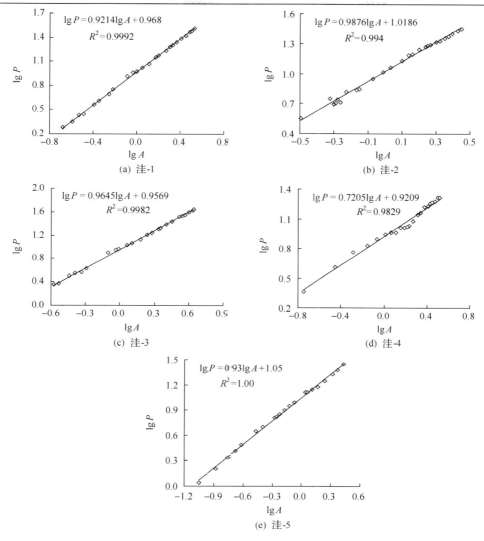

图 3-4　洼里泥质页岩"岛"的 lg$P$ 与 lg$A$ 的关系

表 3-1　表面凹凸形貌的分形维数计算

取样地点及岩性	编号	线性拟合结果	分形维数	相关系数 R^2	分维数平均
五虎山煤矿泥质页岩	五-1	lg$P$=0.7864lg$A$+0.7136	1.5728	0.9983	1.6114
	五-2	lg$P$=0.7955lg$A$+0.688	1.5910	0.9907	—
	五-3	lg$P$=0.8068lg$A$+0.7373	1.6136	0.9974	—
	五-4	lg$P$=0.8304lg$A$+0.659	1.6608	0.9977	—
	五-5	lg$P$=0.8095lg$A$+0.7808	1.6190	0.9989	—

取样地点及岩性	编号	线性拟合结果	分形维数	相关系数 R^2	分维数平均
洼里煤矿泥质页岩	洼-1	$\lg P=0.9214\lg A+0.968$	1.8428	0.9992	—
	洼-2	$\lg P=0.9876\lg A+1.0186$	1.9752	0.9940	—
	洼-3	$\lg P=0.9645\lg A+0.9569$	1.9290	0.9982	1.8096
	洼-4	$\lg P=0.7205\lg A+0.9209$	1.4410	0.9829	—
	洼-5	$\lg P=0.93\lg A+1.05$	1.8600	1.0000	—

3.2　泥岩的表面性质

泥岩矿物的表面与其内部的组成和结构有所不同,常处于热力学非平衡状态,在一般情况下,它趋向于热力学平衡态的速度是极其缓慢的,同时还存在各种类型的缺陷以及弹性形变等,所有这些都将很大程度地对泥岩矿物的表面性质产生影响,使其不同于内部。泥岩矿物的表面性质包括物理性质和化学性质两个方面,其中直接与改性有关的性质有表面润湿性、表面能、表面官能团以及表面电性等。

3.2.1　表面润湿性

润湿是一种常见的界面现象,它可被看作是一种流体从固体表面置换另一种流体,涉及固流体表面性质以及其间相互作用的过程[5]。由于固液体界面性质的差异,将液体滴到固体表面上时,将出现不同的结果(图3-5),有时液滴在固体表面铺展开来,有时则黏附在固体表面上呈平凸透镜状,有时甚至不能黏附在固体表面上而保持椭球状。

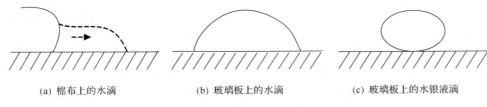

(a) 棉布上的水滴　　　　　　(b) 玻璃板上的水滴　　　　　　(c) 玻璃板上的水银液滴

图 3-5　固体表面的润湿特征

如果一滴液滴滴入固体表面时,便形成了固、液、气三相交界面(图3-6),当三相界面张力达到平衡时,则以下关系式成立:

$$\sigma_{SG} = \sigma_{SL} + \sigma_{LG}\cos\theta \tag{3-1}$$

式中,σ_{SG} 为固/气的界面(表面)张力;σ_{SL} 为固/液的界面(表面)张力;σ_{LG} 为液/气的界面(表面)张力;θ 为润湿角,变化范围为 0~180°,其值不同,液滴的形状就不同,液体对固体的润湿性就不同。

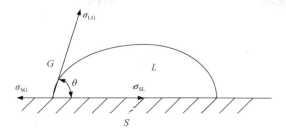

图 3-6　固、液 - 气三相接触示意图

润湿角 θ 是润湿性的量度，可以通过研究 θ 来研究润湿性，θ 越小，润湿性越好，反之越差。

1. 润湿角测量

1）利用成型岩粉测量润湿角

在成型岩粉压缩面的近似平滑面上形成的水滴很小，其重力的影响可以忽略不计，而表面张力的影响增强，液滴表面形状会近似于球形。在成型岩粉压缩表面上测定的水滴润湿角为视润湿角 θ：

$$\theta = 2\arctan(h/r) \tag{3-2}$$

式中，h 为水滴的高度，m；r 为水滴底面半径，m。

2）改进粉末浸透速度法进行间接测量

粉末浸透速度法是利用毛细作用原理来测量岩粉润湿性的。测量时将岩粉（粒径小于 74μm）装入附有刻度的玻璃管并振实压紧，管的端部固定上滤纸，以防止粉末落入溶液中。测量时试料管垂直于液面，从固液相开始接触时即开始计时，记录不同时间溶液润湿岩粉的高度，对于不同的岩粉，可以通过在相同时间下已润湿的岩粉的高度来对不同岩粉的润湿性进行比较，相同时间内，岩粉润湿的高度值越大，该岩粉的润湿性越好。通过测定有关的数据，用下式计算出实验岩样与水的润湿角，即

$$\frac{l^2}{t} = \frac{r\sigma_{1\text{-}g}\cos\theta}{\eta} \tag{3-3}$$

式中，l 为被润湿岩粉柱的高度；t 为浸湿时间；$\sigma_{1\text{-}g}$ 为液体的表面张力；η 为液体的黏度；r 为岩粉柱中液体通道的平均半径，r 的大小可以用能完全润湿岩样的液体（$\theta=0$）测量并代入式（3-1）得到。

但是，在任意时间浸透高度的具体测定会由于上升参差不齐而难以测定，从而影响润湿角的测量结果。若选定容易测定的浸透岩粉质量 W 为测定值，式（3-3）

变为

$$\frac{W^2}{t} = (\rho NS)^2 \frac{l^2}{t} = (\rho NS)^2 \cdot \frac{r\sigma_{1-g}\cos\theta}{\eta} \tag{3-4}$$

式中，N 为粉体的孔隙率；ρ 为液体的密度；S 为试管的截面面积。

通过采用高精度电子天平来测定岩粉质量 W，可克服主观测量粉末浸透高度的误差。

3）利用岩样抛光表面测定润湿角

该方法和利用成型岩粉测量润湿角的测定原理是一样的，区别在于制样。该方法是采用原岩块样，按照《MT116.2-86 煤岩分析样的制备方法——块岩光片的制备方法》的步骤制样，然后：①用橡皮泥将岩样粘在载玻片上，用压平器压平。②把数码相机固定在三脚架上。③放好岩样，调节相机高度使得岩样表面在镜头中呈一条水平线。④用注射器往试样表面上滴质量不足 4mg 的水滴，用数码相机拍照。⑤借助图形分析软件，测量照片中水滴的高度 h 和底直径 d，由式(3-2)计算润湿角 θ。该方法操作简单，所需设备也容易获得，因此采用该方法测定泥岩岩样润湿角。

2. 测量结果

图 3-7 所示为水滴在泥岩表面上的照片，表 3-2 为部分矿区煤系泥岩表面润湿角测量结果。可以看出，泥岩表面水滴呈凸透镜状或直接在岩样表面铺展开来，煤系泥岩表面介于 9.8°～34.7°，具有很强的亲水性。

图 3-7　水滴在泥岩表面上的照片

表 3-2　部分矿区烃系泥岩润湿角测量结果

采样点	岩性	润湿角 θ/°	采样点	岩性	润湿角 θ/°
洼里煤矿	含油页岩	25.6	昭通煤矿	泥岩	20.2
洼里煤矿	黏土岩	19.4	贺斯格乌拉煤田	铝土质泥岩	26.0
洼里煤矿	泥质页岩	9.8	贺斯格乌拉煤田	炭质泥岩	28.6
五虎山煤矿	砂质泥岩	34.7	利民煤矿	泥岩	23.2
昭通煤矿	泥岩	21.0	洼里煤矿	泥质页岩	26.7

3.2.2　表面能

　　泥岩岩体受外界能量扰动破裂后产生了新的表面，破裂过程中的部分外界能量转变为新生表面的表面能。泥岩的表面能与其结构、矿物成分、原子之间的键型和结合力、表面原子数、表面官能团以及表面润湿性等有关。不同矿物由于其元素组成、晶体结构及键型不同，其表面能相差甚大，见表 3-3。即使是同一类矿物，不同晶面的表面能也不一样，如滑石的解理和端面表面能相差几十倍以上。一般而言，矿物表面能按分子键→共价键→离子键递增，表面能越高，越倾向于团聚，吸附作用越强。组成泥岩的硅酸盐矿物、氧化物矿物多为共价键或离子键，决定了其表面能较高，团聚倾向性和吸附性较强。

表 3-3　常见矿物和材料的表面能[6]

材料	表面能/(mJ/m²)	材料	表面能/(mJ/m²)	材料	表面能/(mJ/m²)
石膏	40	云母	2400～2500	氧化镁	1000
方解石	80	二氧化钛	650	碳酸钙	65～70
石灰石	120	滑石	60～70	石墨	110
高岭石	500～600	石英	780	磷灰石	190
氧化铝	1900	长石	360	金刚石	10000

　　众所周知，液体的表面能在数值上等于表面张力，其值很容易测量。但固体则不同，固体是一种刚性物质，流动性很差，它能承受剪应力的作用，可以抵抗表面收缩的趋势。因此，原则上也可用其表面张力来描述，但和液体不同，固体的表面能不一定等于表面张力。矿物表面能的直接测定还是一个难题，通常采用测定不同液体在矿物表面的润湿角，利用 Young 方程间接计算表面能[7]，计算公式为

$$\gamma_{\mathrm{s}} = \gamma_1 \cos\theta - \frac{(\gamma_{\mathrm{s}})^{\frac{1}{2}} - (\gamma_1)^{\frac{1}{2}}}{1 - 0.015(\gamma_{\mathrm{s}}\gamma_1)^{\frac{1}{2}}} \tag{3-5}$$

式中，γ_s 为固体表面自由能；θ 为固体表面润湿角；γ_1 为水表面自由能，其值为 $72.80mJ/m^2$。

3.2.3　表面官能团

　　泥岩矿物生成或破碎解理后，有规则的原子排列被切断，使表面物理结构或微观质点排列情况与内部有很大的不同。矿物表面这种特殊的物理化学结构以及大气中水和氧的吸附，使矿物表面存在着不同于内部的化学反应活性基团即表面官能团。它是矿物表面晶体结构与化学组成的反映，它与通常的化学反应官能团一样，可与其他化合物起反应，但它根植于矿物表面，受表面的牵制，因而这种化学反应受表面结构、相邻原子、杂质和整体表面能影响较大，并且是不均匀的。表面官能团决定了矿物在一定条件下吸附反应的活性、电性和润湿性，因而对其应用性能及表面改性剂的作用都有重要的影响。不同矿物表面官能团的种类和数量不同，对于铝硅酸盐类矿物多数表面都存在 Si—O、Si—OH 和 OH⁻ 等官能团。即使同一类矿物其表面官能团分布也不均衡，如高岭石的活性基团 Si—O、Al—OH 出现在晶片边缘或沿表面棱边上，而表面上的主要官能为 OH⁻。通过红外光谱定性分析泥岩表面官能团主要有 Si—O、Si—OH、Al—OH、Mg—O、Al—O、OH⁻等。

3.2.4　表面电性

　　泥岩的表面电性是由泥岩矿物表面的荷电离子，如 OH⁻、H⁺等决定的，与溶液的 pH 值及溶液中离子类型有关。泥岩表面电性影响泥岩颗粒之间、颗粒与无机离子、表面改性剂离子以及其他化学物质之间的作用力，颗粒之间的凝聚和分散特征以及改性材料在颗粒表面的吸附作用。当泥岩矿物置于水溶液中或在潮湿环境中吸附相反的电荷形成双电层和扩散层时，产生流动电位 ζ。

$$\zeta = \frac{4\pi\sigma d}{\varepsilon} \tag{3-6}$$

式中，σ 为表面电荷密度；d 为扩散层厚度；ε 为液相介质(如水)的介电常数。

　　流动电位 ζ 和液相介质浓度、吸附层内浓度变化有关。因此泥岩矿物表面的电荷类型、大小、介质的 pH 值、电解质浓度都会影响双电层的厚度和 ζ 值的大小。每一种矿物粉料置于中性的水溶液中后都有一定的 pH 值，也存在一个等电点 pH 值，即矿物表面电荷与吸附层电荷互相中和的 pH 值，这些数值对于了解泥岩矿物颗粒的凝聚与分散以及改性材料在泥岩颗粒表面的吸附作用，进而选取适宜的改性材料及其用量是十分有益的。一些常见的泥岩矿物的等电点 pH 值如表 3-4 所示。

表 3-4　一些泥岩矿物的等电点[8]

矿物	pH 值	矿物	pH 值	矿物	pH 值
SiO_2（石英）	2.2	Fe_2O_3（赤铁矿）	5.2	Al_2O_3（刚玉）	9.0
MgO（氧化镁）	12.0	TiO_2（金红石）	4.7	$CaCO_3$（方解石）	8～10
$Al_2O_3 \cdot 2SiO_2(OH)_4$（高岭石）	4.8	$Al(CH)_3$（水合氧化铝）	5.0	$Ca_5(PO_4)_3(OH)$（羟基磷灰石）	7.0
P_2O_5（五氧化二磷）	0.3	TiO_2（锐钛矿）	6.2	SiO_2（硅胶）	1.8

岩样 ζ 电位的测量使用岩粉悬浮液采用电泳方法进行测试，通过在稀释岩粉悬浮液中测量岩样颗粒的电动性质来计算 ζ 电位。首先将岩样烘干、粉碎、研磨，过 300 目分样筛，制成悬浮液。制作过程为：将磨好的泥岩样加蒸馏水浸泡（固含量约为 20%），充分水化。72h 后用蒸馏水稀释浓的悬浮液，直至岩样颗粒能靠重力自由沉降。弃去上清液，以除去过多的电解质污染而导致颗粒的沉降。再加入蒸馏水与浓 H_2O_2，静置一天，除去其中的有机物，加热除去过剩的 H_2O_2。用高速搅拌器高速搅拌悬浮液，每次 20min，每天搅拌两次，连续搅拌 72h。每次静置一段时间后，用虹吸的方法取出悬浮液的上层，将试管底部较粗大的颗粒除去。反复操作，直至形成比较均匀的岩样悬浮液。其次，取 50mL 的试管 1 只，加入 2ml 岩样悬浮液，用 0.01 mol/L 的 NaCl 电解质溶液稀释岩样悬浮液，用标定值为 0.1134 mol/L 的 HCl 调节悬浮液的 pH 值，稳定平衡后，用 pH 计测悬浮液的 pH 值，将悬浮液用 Kq3200e 型超声波分散器分散 5min。然后，取 0.5mL 分散液注入电泳杯，插入十字标调整焦距，插入电极置于三维平台上测定其 ζ 电位。根据 ζ 电位和 pH 值的关系作图，当 ζ 电位为 0 时，对应悬浮液的 pH 值即为泥岩样的等电点。

测试仪器采用 JS94H 型微电泳仪，测试电极为 Ag 电极，切换时间为 700ms，输入 pH 值范围为 0～14，步长为 0.1。图 3-8 为洼里煤矿泥质页岩的一组颗粒运动灰度图像，其时间间隔由电压切换参数决定，测试温度为 17.6℃，电流为 15.6 mA，切换时间为 700ms，电压为 10V，pH 值为 7.7，ζ 电位为 –38.1127mV，等电点为 6.5。

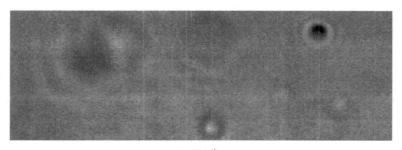

(a) 第 1 张

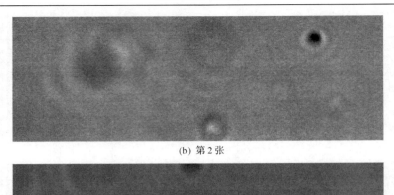

(b) 第 2 张

(c) 第 3 张

图 3-8　洼里岩样的一组颗粒运动灰度图像

图 3-8 中，第 1 张颗粒运动灰度图像和第二张颗粒运动灰度图像的时间间隔为 700ms，第 3 张颗粒运动灰度图像由第 1 张和第 2 张图像相减而得，颗粒运动轨迹较明显，作为标定参考。在第 1 张颗粒运动灰度图像中确认一个岩样颗粒，再在第 2 张颗粒运动灰度图像中找到同一颗粒，观察这一颗粒在两张灰度图像中的位置，发现颗粒在第 2 张图像中的位置位于第 1 张图像的右侧。由于在电泳杯中插入的 Ag 电极右侧为阳极，颗粒向电极阳极方向移动，说明该岩样颗粒带有负电荷。标定好岩样颗粒后，由 JS94H 型微电泳仪计算出该 pH 值条件下的 ζ 电位。

图 3-9 所示为洼里煤矿泥质页岩岩样的 ζ 电位曲线。软岩颗粒中黏土矿物由

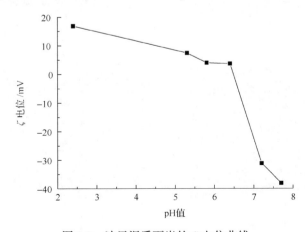

图 3-9　洼里泥质页岩的 ζ 电位曲线

于晶格取代的原因吸附阳离子，用电泳法测定的 ζ 电位为负值，说明岩样颗粒表面带负电荷。由图 3-9 可以看出，随着用来调节悬浮液 pH 值的 HCl 的增加，悬浮液逐渐呈酸性，悬浮液的 pH 值逐渐减小，吸附的 H^+ 离子增加，ζ 电位逐渐由负值变为正值。其中，ζ 电位为 0 时，得到该岩样的等电点为 6.5。

3.3　泥岩的孔裂隙特征

3.3.1　孔隙分类与测定方法

迄今为止，对泥岩中孔隙的分类还没有统一的标准。大多借用相关或其他领域的分类方法。以下为国内外常用的几种分类方法：

1. 杜比宁（Dubinin）

建议采用以下分类来区分多孔吸附剂不同大小的孔，这种分类普遍用于煤化学研究。

（1）大孔：孔径＞20.0nm。
（2）过渡孔：孔径 2.0～20.0nm。
（3）微孔：孔径＜2.0nm。

2. 霍多特（ходот）

将孔隙分为四个级别。
（1）大孔：孔径＞1000nm。
（2）中孔：孔径 100～1000nm。
（3）过渡孔：孔径 10～100nm。
（4）微孔：孔径＜10nm。

3. 国际精细应用化学联合会（IUPAC）1978 年提出的孔径分类

（1）大孔（大于 50nm）：其中大于 1000nm 的孔能够用光学显微镜观察到，小的孔则能用扫描电子显微镜（SEM）看到；较大的孔则能用图像分析技术对孔径加以定量，或用压汞法进行孔径测定。

（2）中孔（2～50nm）：能用 SEM 观察到或借助于透射电子显微镜（TEM）对孔进行定量测量；亦可用液氮等温吸附法或小角中子（SANS）或 X 射线散射技术（SAXS）进行定量。

（3）微孔（小于 2nm）：微孔尺寸及孔径波动范围能用 X 射线散射技术（SAXS）或 CO_2 吸附法或纯氦密度技术进行计算。

按照国际精细应用化学联合会（IUPAC）孔型分类及表征孔隙率的各种方法，

见图 3-10。在杜比宁的孔分类中，其物理依据：所谓微孔，就是指在相当于滞后回线开始时的相对压力下已经被完全充填的那些孔隙，它们相当于吸附分子的大小。微孔的容积约为 $0.2\sim0.6\mathrm{cm}^3/\mathrm{g}$，而其孔隙数约为 10^{20} 个。全部微孔的表面积，对于泥岩来说，约为几至数十甚至数百平方米/克。由此可见，微孔是决定吸附能力大小的重要因素。

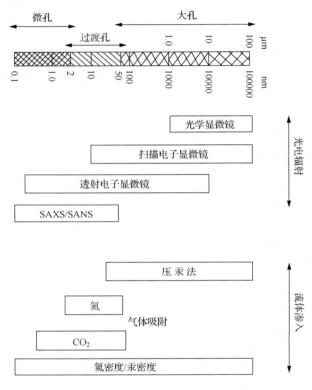

图 3-10　孔径分类及有关孔的测定方法[9]

　　中孔是那些能发生毛细凝聚使被吸附物质液化而形成弯液面，从而在吸附等温线上出滞回线的孔隙。中孔的孔容较小，约为 $0.015\sim0.15\mathrm{cm}^3/\mathrm{g}$，其表面积也较小。

　　大孔在技术上是不能实现毛细凝聚的。这部分孔在成因上有两种类型：孔洞与裂隙。孔洞又分气孔、植物残余组织孔、溶蚀孔、铸模孔、晶间孔、原生粒间孔和缩聚失水孔。裂隙又分内生裂缝和构造裂缝。

3.3.2　显微孔裂隙形态特征

　　孔隙结构是泥岩的孔裂隙大小、形态、发育程度及其相互结合关系，反映泥岩对各类流体的储运能力。泥岩的孔隙有原生孔隙、次生孔隙和裂隙。原生孔隙主要为粒间压实残余孔隙和基质内微孔隙，而矿物解理缝和纹理及层理缝基本被后期胶结物充填，从而丧失了作为储集空间和流体运移通道的能力。次生孔隙的形成因素很多，包括大气降水、地表渗滤水的淋滤作用，有机质成熟演化中产生的有机酸的溶蚀作用，黏土矿物转化产生酸性水的溶蚀作用等，类型包括粒间溶孔、粒内溶孔、铸模孔隙、超大孔、胶结物内孔隙和基质内微孔隙等，如图 3-11 所示。

泥岩的孔隙以平面方向延展的黏土碎屑颗粒矿物粒间孔[图 3-11(a)]、层间孔[图 3-11(b)]、粒缘收缩孔[图 3-11(c)]及裂隙[图 3-11(d)]为主。近于三维方向的孔隙多见于气胀孔[图 3-11(e)]、溶蚀孔[图 3-11(f)]、矿物铸模孔[图 3-11(g)]、碎屑矿物颗粒和胶结物相继被溶蚀形成的超大孔[图 3-11(h)]以及碎屑矿物和砂粒局部集聚时所形成的粒间孔[图 3-11(i)]。

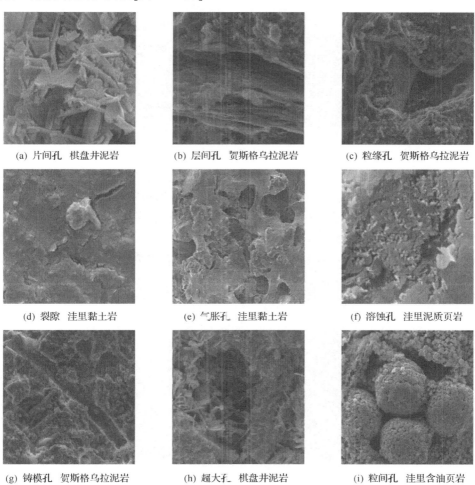

(a) 片间孔 棋盘井泥岩　　(b) 层间孔 贺斯格乌拉泥岩　　(c) 粒缘孔 贺斯格乌拉泥岩

(d) 裂隙 洼里黏土岩　　(e) 气胀孔 洼里黏土岩　　(f) 溶蚀孔 洼里泥质页岩

(g) 铸模孔 贺斯格乌拉泥岩　　(h) 超大孔 棋盘井泥岩　　(i) 粒间孔 洼里含油页岩

图 3-11 泥岩显微孔隙形态特征

压实作用不强的泥岩中，黏土矿物杂乱堆积，片间孔形态多种多样，缺少定向性。经压实后的泥岩，随着黏土矿物的定向排列，片间孔也趋于定向化，形成各种片状构造和面状孔隙，逐步发展成为平行层理的面状孔隙。

包裹砂粒的黏土碎屑颗粒在压实作用中，由于砂粒的支撑作用，黏土颗粒定向排列形成波纹状构造和波纹状裂隙，见图 3-12。此种裂隙一般平行层理发育。此外，由于黏土和砂粒受挤压程度不同，黏土因脱水重结晶而体积收缩，形成粒缘收缩孔隙，在断面上多呈环形，有时呈弧形，围绕砂粒分布，通常为孤立孔隙，连通性较差。

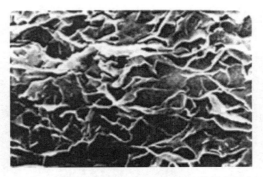

图 3-12　黏土颗粒定向排列形成波纹状构造

泥岩中裂隙主要有两种类型：一种是构造裂隙，多呈网格状、雁行状分布，缝隙较平直，延伸较远；另一种是成岩裂隙，多呈纺锤状、放射状分布，一般延伸不远，有时可与层面裂隙相连，多数情况下连通性较差。泥岩中的裂隙在自然状态下，多以隐裂隙的形式存在，肉眼很难辨别，但是如果将磨光的岩样表面浸水，擦干表面水分后，很容易就可看到各种形状印有水痕的裂隙网络，见图 3-13。

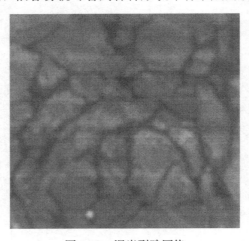

图 3-13　泥岩裂隙网络

3.3.3　孔裂隙分布特征

　　岩样的氮气等温吸附-脱附曲线反映了其孔裂隙的分布特征，孔裂隙的大小、形态以及连通性与岩样的吸水性密切相关。图 3-14 所示为五虎山和洼里煤矿煤系泥岩的氮气等温吸附-脱附曲线。可以看出，在相对压力 $P/P_0<0.8$ 的范围内，样品的氮气吸附随着相对压力的上升增长平缓，沿等温线的起始部分吸附主要发生在微孔中，只限于在孔壁上形成薄层，表明样品具有孔径分布单一的结构特点。当相对压力 $P/P_0>0.8$ 时，吸附容量随着压力增大呈陡峭增长趋势，曲线急剧上升。这与样品本身含有一定量的中孔和绞大的孔隙有关。这将导致吸附过程中毛细凝聚现象的产生，越来越多的孔被填充，吸脱曲线的脱附与吸附分支不重叠，由于毛细凝聚的结果而出现滞后环，环越大表示孔径越大。样品所出现的细扁滞后环可能是由样品所含黏土矿物集聚体内的中孔所造成的，也可能是样品中存在大量结晶缺陷造成局部结构单元破坏，出现二次孔结构所引起。从图 3-14 中还可以看出，洼里岩样的滞后环远大于五虎山岩样，说明洼里岩样中"开放孔"占比较大，即孔隙之间连通性好，洼里岩样自然吸水率远大于五虎山岩样充分证实了这一点。

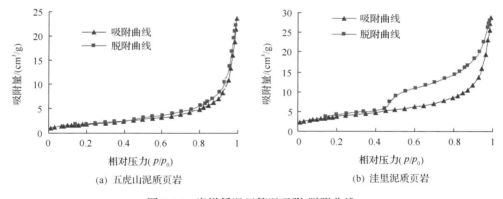

(a) 五虎山泥质页岩　　　　　　　　　(b) 洼里泥质页岩

图 3-14　岩样低温氮等温吸附-脱附曲线

　　图 3-15 所示为样品比表面积与孔径的关系曲线。从图中可以看出，五虎山泥质页岩和洼里泥质页岩比表面积累积曲线相近，比表面积累积曲线为近似下凹曲线的形态，即细微孔和微孔占有明显优势。从比表面积与孔径的关系曲线可知，五虎山泥质页岩的比表面积与孔径的关系曲线上有两个峰值点，即优势孔孔径集中在 10.2nm 和 82.5nm 左右，见图 3-15（a）。其中 10.2nm 为黏土矿物微集聚体间孔隙，而 82.5nm 则为石英等构成泥岩骨架的大颗粒间孔隙；洼里泥质页岩的比表面积与孔径的关系曲线上出现 4 个峰值点，数量多的孔集中在 3.0nm、10.3nm、28.1nm 和 84.7nm 左右四种孔径，见图 3-15（b），优势孔孔径集中在 3.0nm 和 84.7nm，其中 3.0nm 为片状黏土矿物叠聚层间距，10.3nm 为黏土矿物微集聚体间

孔隙，28.1nm 和 84.7nm 为构成泥岩骨架的大颗粒间孔隙，但孔的数量要远多于五虎山泥质页岩。

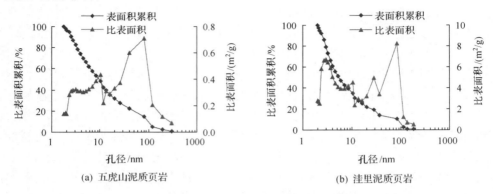

(a) 五虎山泥质页岩   (b) 洼里泥质页岩

图 3-15　岩样孔径与比表面积关系曲线

图 3-16 所示为样品孔容与孔径的关系曲线。可以看出，两种岩样的孔容累积与孔径关系曲线相近，均为先缓后陡，即孔隙细微孔和微孔占优势。由孔容与孔径的关系曲线可知，两种泥岩均在 60～120nm 范围出现凸点，其中五虎山泥质页岩孔径为 82.5nm 时，所占孔体积最大，为 8.6mm^3/g，占总体积的 23.4%，洼里泥质页岩孔径为 84.7nm 时，所占孔体积最大，为 12.7mm^3/g，占总体积的 28%，充分说明泥岩孔隙以构成泥岩骨架的大颗粒间孔隙为主，但总的来说，两类泥岩的孔体积低，孔隙发育程度差。

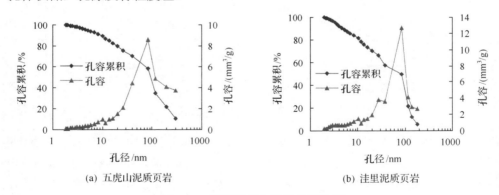

(a) 五虎山泥质页岩   (b) 洼里泥质页岩

图 3-16　岩样孔径与孔容关系曲线

3.4　孔裂隙与吸水性的关系

表 3-5 所示为部分矿区煤系泥岩岩样比表面积、孔径和孔容的测定结果。可以看出，泥岩中孔裂隙发育程度及其相互之间的连通性差，孔径小，水分在这种

微孔隙中是难以流动的。这些微孔隙和微裂隙对于泥岩的渗水性是没有意义的，在地质学方面一般将泥岩作为油气盖层或隔水层，然而在煤系地层巷道中由于泥岩的吸水软化崩解又频繁引发工程稳定性控制问题，是目前矿业工程所面临的难点问题之一。

表 3-5　岩样比表面积、孔径和孔容[10]

取样地点	岩性	BET 比表面积 /(m²/g)	BJH 比表面积 /(m²/g)	Langmuir 比表面积 /(m²/g)	BET 平均孔径 /nm	BJH 平均孔径 /nm	孔容 /(mm³/g)
屯兰煤矿	砂质泥岩	7.369	8.142	10.213	20.456	19.887	37.6
李雅庄煤矿	砂质泥岩	6.796	7.869	9.886	21.231	20.146	36.9
五虎山煤矿	泥质页岩	6.687	7.593	9.392	21.872	19.373	36.8
利民煤矿	砂质泥岩	5.946	6.632	8.144	19.723	18.444	34.6
棋盘井煤矿	泥岩	5.442	6.025	7.364	17.683	16.854	33.9
贺斯格煤矿	泥岩	9.661	10.033	14.446	12.762	12.034	39.6
昭通煤矿	泥岩	11.332	11.964	16.125	13.201	12.874	40.1
洼里煤矿	泥质页岩	13.226	13.840	18.337	13.484	13.081	45.3

对泥岩软化崩解机制的研究[11]表明，泥岩软化或浸水崩解，都须经历宏观结构破坏、失水收缩和吸水膨胀 3 个过程。泥岩的吸水软化崩解过程实际上是岩体结构不断受到宏观破坏、扰动逐步过渡到微观破坏、扰动的过程。正因如此，天然状态下，埋藏于地下的泥岩具有良好的隔水性，没有宏观结构破坏和失水收缩过程，水分不会进入泥岩内部引起泥岩的软化崩解。

正是有了宏观结构破坏，才使得原本对渗水毫无意义的发育程度和连通性均差的微孔裂隙对泥岩的吸水产生了决定作用。微孔隙和微裂隙的表面，实际上是在一定结构体系中，黏土颗粒与水之间真正接触而相互作用的有效界面。显然孔隙率越高、微孔隙和微裂隙越发育，则相界面越大，表面自由能也越高，对水的吸附作用也越强。由于水的吸附使岩样表面自由能减小，所以这一吸附过程有自发进行的倾向，所吸附的水分不仅会覆盖住整个微孔隙和微裂隙的表面，而且会产生一种楔裂力，使孔隙向纵深发展，从而导致其强度降低，产生软化崩解现象。

<h2 align="center">参 考 文 献</h2>

[1]　刘国杰. 有机硅附着力促进剂开发与应用的进展(I). 现代涂料与涂装, 2006, 9(12): 13-18.

[2]　陈丽华, 缪昕, 于众. 扫描电镜在地质上的应用. 北京: 科学出版社, 1986.

[3]　Mandelbrot B B, Passoja D E, Paullay A J. Fractal character of fracture surfaces of metals. Nature, 1984, 308(19): 721.

[4]　穆在勤, 龙期威. 金属断裂表面的分形与断裂韧性. 金属学报, 1988, 24(2): 142-145.

[5] 何杰. 煤的表面结构与润湿性. 选煤技术, 2000, (5): 13-15.

[6] 姚亚东, 王树根. 矿物的表面结构和表面性质. 矿产综合利用, 1998, (4): 35-39.

[7] 韩玉香, 韩平, 王永富, 等. 固体表面自由能及其分量的计算方法(Ⅰ)-润湿角法. 辽宁师范大学学报(自然科学版), 1995, 18(3): 214-217.

[8] 郑水林. 粉体表面改性. 北京: 中国建材工业出版社, 2003.

[9] Essenhigh R H, Bailey E G. Coal quality and combustion performance: An international perspective. Combustion & Flame, 1993, 95(1–2): 244-246.

[10] 柴肇云, 郭卫卫, 陈维毅, 等. 泥岩孔裂隙分布特征及其对吸水性的影响. 煤炭学报, 2012, 37(增1): 75-80.

[11] 谭罗荣. 关于粘土岩崩解、泥化机理的讨论. 岩土力学, 2001, 22(1): 1-5.

第4章 泥岩的力学性质

岩石的力学性质取决于其组成晶体、颗粒和胶结物之间的相互作用，以及诸如裂缝、节理、层理和较小的断层的存在。一方面，很难根据它的组成颗粒的性质来说明该岩石的力学性质，特别是强度；另一方面，受裂缝、节理、层理和断层的分布的影响，大块岩体的力学性质难以确定，使任何大块岩体之间很少有相互的联系。因此，在确定岩石的最基本力学性质时，岩石样品的尺寸应包含足够数量的组成颗粒，但同时又要小到足以排除较大的结构不连续性，使得试验样品具备大致均匀的性质。

4.1 泥岩的单轴压缩

4.1.1 单轴压缩的全程应力-应变曲线

图 4-1 所示为部分矿区煤系泥岩单轴压缩试验的全程应力-应变曲线。从图中可以看出：①泥岩单轴压缩应力-应变曲线可分压密阶段、弹性变形阶段、稳定压缩破裂发展阶段、稳定扩容破裂发展阶段、不稳定破裂发展阶段和整体破坏残余后效阶段，但是受内部缺陷首先破裂的影响，在达到应力峰值前可能出现多个弹性阶段，如图 4-1(a)出现两个弹性阶段。②泥岩全程应力-应变曲线总体可分为两类，即单峰型和多峰型。单峰型，峰值前无明显的应力跌落；多峰型，峰值前应力出现不同次数的明显跌落，泥岩岩样多属此类。这种现象的出现与岩样内所含缺陷有关，随着载荷的增加，岩样内部缺陷部分首先发生破裂，而此时岩样的峰值承载结构仍未破坏，就会出现短暂的应力明显跌落，之后继续升高。③峰后应力分级跌落，跌落平台长度和残余应力持续时间各异，且出现应力跌落后，随应变增加应力再次攀升的现象，这种现象是由岩样破裂后，破裂面间的摩擦力引起。岩石破坏后的破裂面并非理想的平直光滑面，而是粗糙不平且具有起伏的非光滑面，峰值后破裂岩块沿破裂面上下错动，通常在压裂破坏后的岩样破裂碎块表面能看到明显擦痕，并可见碎块由于相互摩擦形成的细小的矿物颗粒。④残余强度能达到峰值强度的 15%～60%。

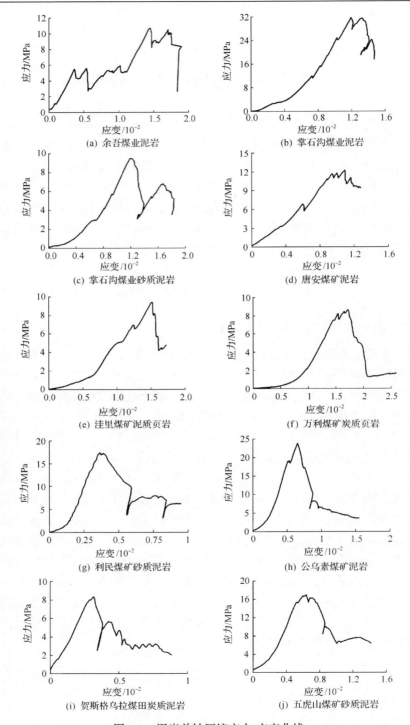

图 4-1　泥岩单轴压缩应力-应变曲线

4.1.2　单轴压缩的破坏形式

结合笔者近年来进行的泥岩试样单轴压缩试验，通过对破坏后岩样的仔细观察，大致可以将泥岩单轴压缩的最终破坏形式归纳为以下 5 种，如图 4-2 所示。①岩样完全由单一断面剪切滑移而破坏，与三轴压缩过程中的破坏形式相似，试样的端面可能出现一个局部的圆锥面。②岩样沿轴向存在许多劈裂面，但有一个贯穿整个岩样的剪切破坏面，其中一些岩样除主剪切面之外还存在少量的局部剪切破坏面。由于岩样的抗拉强度远低于抗压强度，所以破坏面的破坏以张拉为主，有时甚至掩盖了剪切破坏面。③两个或多个相互连接或平行的剪切面共同实现对岩样的贯穿，当然岩样也可能存在沿轴向的劈裂面，有时会出现岩块折断破坏。④岩样侧面出现类似于"压杆失稳"的岩块折断破坏，同时伴有咔嚓折断声，与大采高工作面出现的"片帮现象"相类似。⑤岩样被压成鼓状，中间出现多个劈裂面，岩样强度较低，表现出很强的流变性，整个压缩过程剪胀变形明显。

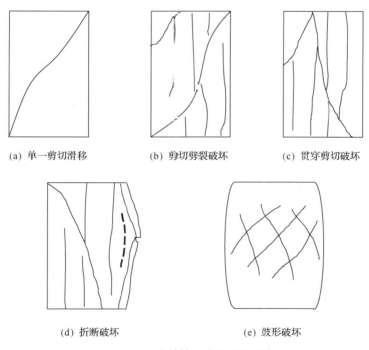

(a) 单一剪切滑移　　　　(b) 剪切劈裂破坏　　　　(c) 贯穿剪切破坏

(d) 折断破坏　　　　　　(e) 鼓形破坏

图 4-2　泥岩单轴压缩的破坏形式

4.1.3　峰后残余强度与支护的相互关系

地下工程结构中，包含有大量破断裂隙的围岩，它们不仅是作用于支护或加固系统上的载荷，同时又是一种承载结构。即破裂后的岩体仍然有一定的残余强度，这种残余强度在地下岩石工程中具有极其重要的意义。围岩破裂将使地下岩石工程稳定性降低，围岩破裂范围越大，围岩稳定性越差，但地下岩石工程与地面结构不同，围岩破裂并不意味着围岩失稳，围岩是否失稳取决于围岩所受应力能否平衡。围岩破裂意味着围岩处于峰值后岩石弱化或残余强度阶段，此时围岩的应力很小，且破裂围岩仍然有一定的承载能力。通常情况下，围压越大，残余强度越大，破裂围岩的承载能力也越大。地下岩石工程周边破裂带的切向应力等价于岩石的残余强度，径向应力等价于岩石试件所受围压。换言之，径向应力等价于破裂岩体所受的支护阻力。由于破裂岩石非连续变形受到围压的约束，支护对象是围岩的破裂膨胀及破裂后岩石块体非连续变形，因此，支护的实质是以经济合理的支护形式来有效控制破裂岩体产生的有害变形。

软岩巷道支护加固处理广泛采用的锚喷支护便是充分发挥围岩残余强度的有力例证。当巷道围岩打入锚杆时，锚杆和锚固范围内的岩石构成一种锚固支护体，在锚固体中的围岩完整时，锚杆对围岩的支护效果不明显，即锚杆不发挥作用。但当锚固体中的岩石在围岩集中应力作用下发生破坏时，其承载能力降低并产生变形，同时围岩的集中应力向深部转移使锚固体卸载。在此过程中，锚固体通过锚杆的约束作用和抗剪作用，使塑性破坏后容易松动的岩石构成具有一定承载能力和适应自身变形卸载的锚固平衡拱，对围岩的变形产生明显的控制效果。换言之，锚杆加固对于提高围岩自身的最大承载能力没有明显效果，但在围岩产生塑性破坏后，对提高围岩的残余强度及承载能力有显著强化作用[1]。

4.2 泥岩的巴西劈裂

岩石内的裂隙、弱面可以承载正应力，并通过摩擦承载剪应力，但不能承载拉应力。岩石是非均质材料，内部强度差异很大，在承载拉应力时是逐步破坏的，即内部组成岩石的微单元体不会同时达到各自的承载极限，因而宏观试样的抗拉强度低于微单元体强度的平均值。由于夹持试样的困难性，一般不采用直接拉伸试验来确定岩石的抗拉强度而多采用间接的方法。圆盘试样对径受压的劈裂试验，亦称为巴西试验(Brazilian test)，是典型的确定岩石抗拉强度的间接方法，也是岩石力学试验规程推荐的抗拉强度测试方法[2, 3]。

4.2.1 巴西劈裂的载荷-位移曲线

图 4-3 所示为内蒙古利民煤矿砂质泥岩巴西劈裂实验像片和试样加载的载荷-位移曲线。可以看出，岩样劈裂实验峰值前的变形特征与单轴压缩的变形特征大致相同，可以分为压密、弹性、屈服和破坏 4 个阶段。在加载初期的压密阶段，主要是模具压条与试样表面线接触处的局部变形，模具压条与试样接触面积随着

载荷的增加而增大，具体表现为曲线上凹。而后随着载荷的增大，变形量与载荷呈线性关系，岩样进入弹性阶段。当载荷增加到极限载荷的 80%左右时，载荷与变形曲线偏离线性关系，岩样进入屈服阶段，试样内部相同应力水平条件下的低强度微单元体首先屈服破坏后，而高强度微单元体则承受更高的应力也逐步屈服，试样内部损伤逐步加剧。一旦载荷达到极限载荷时试样突然破坏，载荷瞬时直线跌落，表现出脆性特征。

(a) 实验

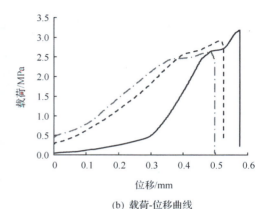

(b) 载荷-位移曲线

图 4-3　利民砂质泥岩劈裂实验与全程载荷-位移曲线

4.2.2　巴西劈裂的破坏形式

依据泥岩试样的巴西劈裂破坏裂纹，可以将其分为 3 种典型的破坏形式，如图 4-4 所示。①中央开裂：裂纹与竖向加载方向基本平行，且位于试样中央部位，中央部位边界由两条左右偏离试样中心竖线的竖向直线组成，两条竖向直线与中心竖线的距离为试样直径的 0～10%，见图 4-4(a)。②非中央弧形开裂：裂纹不在试样中央部位，通常为曲线，见图 4-4(b)，这可能是裂纹的扩展过程中受到试样内部的某些缺陷的影响，从而导致裂纹面偏离加载基线，形成弧形面或曲面。③组合裂纹：断裂面不是由单一裂纹扩展形成而是由两条或以上裂纹延伸连通形成贯通裂纹，见图 4-4(c)。

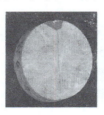

(a) 中央裂纹

(b) 非中央弧形裂纹

(c) 组合裂纹

图 4-4　泥岩试样巴西劈裂破坏形态

4.3　泥岩的压剪破坏

　　岩石压剪断裂是自然界和岩石工程中最常见的一种破坏模式，如巷道和矿柱的崩落、滑坡和岩爆，往往会造成重大灾难和经济损失，而厚煤层综放开采顶煤的压裂破碎又需要充分利用岩石的压剪断裂，如何预测和防止以及合理利用岩石的压剪断裂一直是工程界的一个重要课题。

4.3.1　变角剪切压模试验

1. 试验岩样

　　试验试样采自山西兰花科技创业股份有限公司唐安煤矿 3 号煤顶板，为二叠系下统山西组泥岩，属陆相碎屑岩沉积。对试样进行 X 射线衍射分析，测试结果如图 4-5 所示，所含矿物成分主要为伊利石、高岭石、石英和钙长石，其中伊利石 45%，高岭石 10%，石英 38%，钙长石 7%。

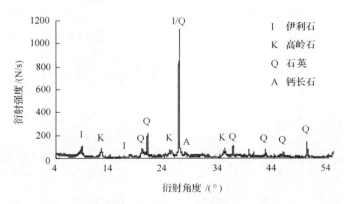

图 4-5　试样的 X 射线衍射图谱

2. 试验设备

变角剪切压模试验在 JL 微机控制电液万能伺服实验机上进行，试验装置如图 4-6 所示。试验试样尺寸为 ϕ 68mm×70mm 圆柱体。要防止角度过大，产生力偶作用，形成拉应力，且装有试样的模具易翻倒；但角度过小，会因试样受的压应力过大，可能出现破裂并不沿要求截面发生。试样的楔形剪切试验，采用 40°、45°、50°、55°四个不同角度的剪切模具，加载位移速率 $2.0×10^{-3}$mm/s，按照 ISRM 试验标准进行，试样为自然含水状态。

图 4-6　变角剪切玉模试验装置

3. 试验结果

由试验结果所作的泥岩试样强度曲线如图 4-7 所示，由最小二乘法获得其线性回归方程为 $\tau = 4.74 + \sigma \tan 21.9°$，黏聚力为 4.74MPa，内摩擦角为 21.9°。泥岩抗剪强度试验结果见表 4-1。

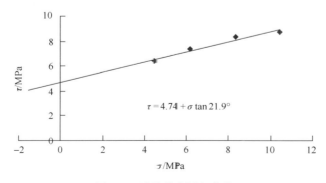

图 4-7　试件强度回归曲线

表 4-1 泥岩抗剪强度试验结果

试样编号	剪切角/(°)	试样尺寸/mm×mm	破坏载荷/kN	正应力σ/MPa	剪应力τ/MPa
1 号		$\phi 67.26 \times 70.90$	64.44	10.35	8.69
2 号	40	$\phi 67.26 \times 69.98$	61.34	9.98	8.38
3 号		$\phi 67.26 \times 71.42$	68.96	11.00	9.23
1 号		$\phi 67.36 \times 71.58$	59.94	8.79	8.79
2 号	45	$\phi 67.26 \times 69.50$	51.87	7.85	7.85
3 号		$\phi 67.16 \times 69.66$	55.02	8.32	8.32
1 号		$\phi 67.00 \times 70.00$	49.92	6.84	8.15
2 号	50	$\phi 67.16 \times 70.20$	44.40	6.05	7.21
3 号		$\phi 67.26 \times 69.06$	40.32	5.58	6.65
1 号		$\phi 67.16 \times 68.88$	34.66	4.30	6.14
2 号	55	$\phi 67.40 \times 72.06$	36.68	4.33	6.19
3 号		$\phi 67.26 \times 72.86$	40.52	4.74	6.77

4. 关于变角剪切压模试验的讨论

岩石材料的压硬性、剪胀性、等压屈服使其抗压强度远大于抗拉强度。由于岩石工程中主应力多为压性，因而岩石破坏多为剪切破坏。岩石试件剪断时，剪切面上的切向应力值，即试件剪断时的极限强度为岩石的抗剪强度，它是岩石力学性质中最重要的指标之一，一般通过专门的剪切试验确定。根据剪切试验时加载方式的不同，岩石的抗剪强度分为[4]：①抗切强度：剪切面上不加法向载荷时岩石的抗剪强度，此时剪切面上岩石的黏结力等于抗切强度(纯剪强度)。②抗剪强度：剪切面上加法向载荷时试件能抵抗的最大剪应力，此时岩石的抗剪强度是一个变量，它与试件破坏时作用在剪断面的正应力有关。③摩擦强度：岩石试件内已有断裂面时在某一法向压应力下能抵抗的最大剪应力，一般用于确定试件中存在软弱面时的抗剪强度。

工程实际中的围岩总是处于某种空间应力场中，尽管剪切破坏是岩石工程结构的基本破坏形式，但这种破坏通常不是由单纯的剪应力引起的，而往往是由于与正应力相关的剪应力超过了某种极限平衡关系所致。由此可见，靠单纯的抗剪强度来描述围岩的稳定性还是很不够的，因此需要确定在不同应力状态下岩石的抗剪切强度特性。

岩石的抗剪强度通常采用三轴试验绘制莫尔极限包络线来测试。这种试验方法所用设备昂贵、复杂，试验操作难度和工作量大，特别是试验要在围压桶中进行，要求试样必须加工成标准的圆柱体。这一点对于煤系地层岩体很难做到，通常煤岩层理、节理和割理均较发育，导致其质地疏松裂隙发育，一般视其为正交各向异性材料。此类材料给试样的采集、加工和测试造成很大的困难。而大量工程实际又要求获取此类材料的重要力学性质（黏聚力 c 和内摩擦角 φ）。变角剪切试验的压头只使试样破坏面上产生压应力和剪应力，避开了莫尔强度理论对拉伸断裂区的不适应；另外，莫尔强度理论只考虑最大最小两个主应力，不计中间主应力的影响，等于是将空间应力状态简化为平面应力状态。因此通过变角剪切压模试验替代准三轴试验可获得满意的试验结果。

变角剪切压模试验放置试样压头与水平面间的夹角可通过变换不同角度的剪切模具进行调整。断裂面上的正应力 σ 和剪应力 τ 可分别按以下公式算出：

$$\sigma = \frac{P}{A}(\cos\alpha + f\sin\alpha) \tag{4-1}$$

$$\tau = \frac{P}{A}(\sin\alpha - f\cos\alpha) \tag{4-2}$$

式中，P 为试件剪断破坏载荷；A 为剪切面面积；α 为试件放置角度，f 为滚轴摩擦系数，$f=1/Nd$，N 为滚轴根数；d 为滚轴直径。

显然，以这两个应力为坐标的点是对应于某一应力状态的莫尔强度包络线上的破坏点，通过一组变角剪切试验即可绘出莫尔包络线，求出材料的黏聚力 c 和内摩擦角 φ。但由于正交各向异性材料力学性质的复杂性和试验数据的离散性，因此常采用最小二乘法寻求最佳直线拟合的方法来得到岩石的黏聚力 c 和内摩擦角 φ，即：

$$\varphi = \tan^{-1}\frac{n\sum\limits_{i=1}^{n}\sigma_i\tau_i - \sum\limits_{i=1}^{n}\sigma_i\sum\limits_{i=1}^{n}\tau_i}{n\sum\limits_{i=1}^{n}\sigma_i^2 - (\sum\limits_{i=1}^{n}\sigma_i)^2} \tag{4-3}$$

$$c = \tan^{-1}\frac{\sum\limits_{i=1}^{n}\sigma_i^2\sum\limits_{i=1}^{n}\tau_i - \sum\limits_{i=1}^{n}\sigma_i\sum\limits_{i=1}^{n}\sigma_i\tau_i}{n\sum\limits_{i=1}^{n}\sigma_i^2 - (\sum\limits_{i=1}^{n}\sigma_i)^2} \tag{4-4}$$

式中，n 为试件数量；σ_i、τ_i 分别为试件剪切破坏面上的正应力和剪应力。

变角剪切压模试验的关键是保证岩石试样受力均匀，并沿预定的剪切面破坏。因此，对试样加工精度的要求必须严格控制在允许误差范围（相邻面互相垂直，偏差不超过 0.25°；相对面平行，不平行度不得大于 0.05mm) 内。若试样加工误差大，则会引起剪切面应力分布不均匀，应力集中导致试样过早或局部破坏。为降低试验数据离散对结果的影响，每组试样要求试验 4~5 个不同角度，每个角度须采用 3 块试样。

4.3.2　压剪破坏的裂隙演化规律

　　岩石载荷-加载点位移曲线反映了岩石压剪过程中的宏观变形破坏特征。宏观变形与岩石类型、初始损伤状态以及岩石的受力状态和受荷路径有关。在此仅以表 4-1 所示 55°剪切角 2 号样品为例，结合岩样压剪破坏的载荷-加载点位移曲线，分析泥岩压剪破坏裂隙演化规律。

　　图 4-8 所示为岩样的载荷-加载点位移曲线，图 4-9 为图 4-8 中所标各点对应的岩样裂隙发育的实时图像。如图 4-8 所示，压剪破坏的载荷-加载点位移曲线形状类似于岩石单轴受压条件下的全程应力-应变曲线，可分为压密阶段 Ⅰ、弹性阶段 Ⅱ、塑性阶段 Ⅲ 和破坏阶段 Ⅳ 四个阶段。裂隙最早出现在塑性阶段，首先在岩样和底角模顶角接触处出现两个开裂点，并伴有岩音，随载荷增加，沿开裂点分别以 $1.25 \times 10^3 \mu m/s$ 和 $2.83 \times 10^3 \mu m/s$ 的速率向与剪切面呈 42°和 16°角的方向延伸 [图 4-9(b)]，并逐渐扩展形成贯通裂纹[图 4-9(c)]，此时，载荷达到峰值点，岩样变形由塑性阶段进入破坏阶段，岩样的破裂方式由以剪切破裂为主转向以张性破裂为主。随后载荷迅速下降，其间由于受破裂面间的摩擦阻力作用，载荷出现小幅上升，岩样沿顶底角模对角线方向产生新的裂缝[图 4-9(d)]，并逐渐贯通形成主断裂面[图 4-9(e)]，与此同时，岩样内部大量的新生裂纹产生、扩展、延伸演化成裂缝，加之岩样沿断裂面滑移产生的内部空洞，岩样体积较之以前大大膨胀 [图 4-9(f)]。

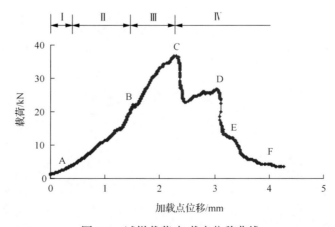

图 4-8　试样载荷-加载点位移曲线

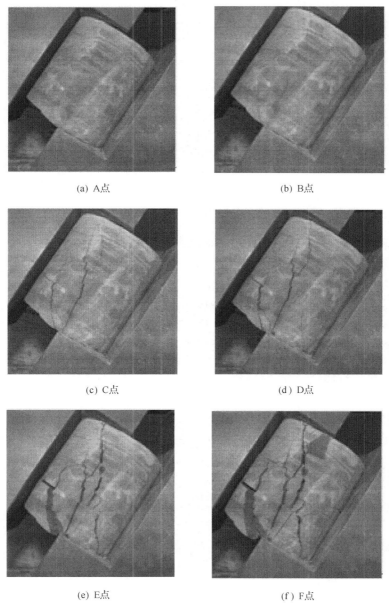

(a) A点

(b) B点

(c) C点

(d) D点

(e) E点

(f) F点

图 4-9 压剪破坏裂隙的产生、发展演化过程[8]

需要解释的是，图 4-9 中试样的最终破坏并不是沿期待的圆柱体纵剖面断裂（图 4-10），而是沿荷载主应力方向[图 4-9(e)，(f)]。这一现象并不影响试验结果的可靠性。根据抗剪强度的定义[4]剪切面上加法向载荷时试样能抵抗的最大剪应力，而试样的最大剪应力出现在荷载最大的点 C，此时试样正是沿圆柱体的纵剖

(a) 45°(2号试样)   (b) 55°(1号试样)

图 4-10 泥试样品的压剪破坏形式

面剪坏[图 4-9(c)]。事实上，岩石的承载能力由黏聚力和内摩擦力共同构成，而摩擦只有发生相对滑移时才会产生。当应力达到黏聚力时试样开始屈服滑移并产生摩擦力，黏聚力降低而摩擦力增加。这通常从试样的端部产生，逐步向内发展，这种屈服滑移产生之后应力会得到释放，试样剪切破裂失稳进而诱发张性破裂，产生新的裂纹，新裂纹互相作用和合并，形成密集损伤带，导致应变局部化现象，最终形成沿荷载主应力方向的宏观断裂。

4.3.3 压剪破坏破裂块体的分形特征

1. 压剪破坏破裂块体分布的分形描述

岩石的压剪破坏是在压应力和剪应力双重应力作用下其内部微裂纹不断萌生、发育、扩展、连通的结果，实际上也是能量耗散的非线性动力学过程，裂纹的分布及破裂块体的尺度都呈现出很好的统计自相似性，具有分形性质[5, 6]。其分维数能有效地反映岩石内部微裂隙分布及其破裂后块体的尺度分布特征，可作为一种评价指标，用于表征岩石的破裂特性。

在分形中，量测曲线的长度 L 与所用码尺 ε 之间的关系为[7]

$$L(\varepsilon) = L_0 \varepsilon^{1-D} \tag{4-5}$$

式中，L_0 为常数；D 为分形曲线的分维数；如果把分形曲线的量测方程推广到 n 维，则有

$$G(\varepsilon) = G_0 \varepsilon^{n-D} \tag{4-6}$$

式(4-6)适用于分形曲线、分形面积和分形体积的量测。$n=1$，G 和 ε 对应于线；$n=2$，G 和 ε 对应于面积；$n=3$，G 和 ε 对应于体积。假定破裂块体密度恒

定，将用筛分法测得的破裂块体质量作为对象，研究破裂块体的分布规律，则破裂块体质量 $W(z)$ 和块体块度 Z 之间存在以下关系：

$$W(z) = az^{3-D} \tag{4-7}$$

对式(4-7)两边取对数得

$$\ln W(z) = a_0 + (3 - D)\ln z \tag{4-8}$$

式中，a_0 为常数。

如果破裂块体块度-质量分布为分形，则应符合式(4-8)的分布规律，在 $\ln W(z) - \ln z$ 双对数坐标系下表现为线性关系，斜率为 $3-D$。理论上，破裂块体块度分布的分维 D 为 0～3，并且当 $D=2$ 时，各块度破裂块体的质量份额是相等的；当 $0<D<2$ 时，大块度块体所占质量份额较大，对岩体工程稳定性控制有利；当 $2<D<3$ 时，小块度块体所占质量份额较大，对岩体工程稳定性控制不利。

2. 压剪破坏破裂块体分布的分布规律

图 4-11 所示为表 4-1 中 55°剪切角 2 号样品压剪破坏破裂块体的 $\ln W(z) - \ln z$ 分布曲线，表 4-2 所示为表 4-1 中各岩样压剪破坏破裂块体分布的分维数值及其相关性。可以看出，线性相关系数 R^2 为 0.9603～0.9963，可见分维数 D 的大小可反映岩石压剪破坏破裂块体的分布特性。

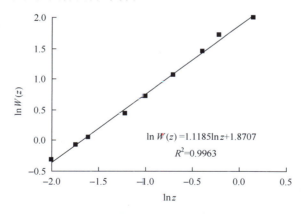

$$\ln W(z) = 1.1185\ln z + 1.8707$$
$$R^2 = 0.9963$$

图 4-11　岩样压剪破坏破裂块体分布

图 4-12 所示为压剪破坏破裂块体分布的分维数值与剪切角的关系曲线。可以看出，随剪切角的增大，破裂块体分布的分维数呈对数关系减小，换言之，破裂块体趋向于大块化。出现该结果的主要原因是：随剪切角的增大，岩样破裂的首要诱因由以张性破裂为主局部剪切破裂逐渐转变为剪切面上剪切破裂失稳进而诱

表 4-2　泥岩压剪破坏破裂块体分布的分形维数值

试样编号	剪切角/(°)	分维值	R^2
1 号		2.1682	0.9786
2 号	40	2.1477	0.9603
3 号		2.1896	0.9751
1 号		2.0305	0.9603
2 号	45	2.0381	0.9650
3 号		2.0454	0.9829
1 号		1.9350	0.9830
2 号	50	1.9642	0.9877
3 号		1.9441	0.9774
1 号		1.8948	0.9853
2 号	55	1.8815	0.9963
3 号		1.8947	0.9888

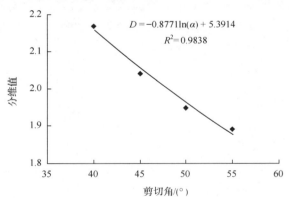

图 4-12　分维数与剪切角的关系

发张性破裂。事实上，张性破裂形成的初裂缝不会扩张成大裂缝，而是随着剪切变形，发生偏转，再产生小裂缝，最后由小裂缝贯穿成沿剪应力方向的大裂缝，破裂块体块度相对较小。地质上的剪切断裂带，都有一条破碎带，而不是一条单纯的裂缝，这就是先产生大量的拉张小裂缝，而后贯穿成大裂缝的例证。而剪切破裂形成的初裂缝平行于剪切面扩张成大裂缝，破裂块体块度相对较大，单面剪切试验岩样沿剪切面破断便是剪切破裂扩张成大裂隙的特例。

参 考 文 献

[1] 柴肇云, 康天合, 李义宝, 等. 特厚煤层大断面切眼锚索支护的作用. 煤炭学报, 2008, 33(7): 732-737.

[2] 中华人民共和国建设部. 工程岩体试验方法标准. 北京: 中国计划出版社, 1999.

[3] 中华人民共和国水利部. 水利水电工程岩石试验规程. 北京: 水利水电出版社, 2001.

[4] 钱鸣高, 刘听成. 矿山压力及其控制. 北京: 煤炭工业出版社, 1991.

[5] 王谦源, 张清. 破碎体颗粒分级的分形分析. //中国岩石力学与工程学会第四次学术大会论文集. 北京: 中国科学技术出版社, 1996: 8-15.

[6] 谢和平, 高峰, 周宏伟, 等. 岩石断裂和破碎的分形研究. 防灾和减灾工程学报, 2003, 23(4): 1-9.

[7] Mandelbrot B B. The fractal geometry of nature. San Francisco: Freeman, 1982.

[8] 柴肇云, 康天合, 陈维毅, 等. 泥岩压剪破坏裂隙演化规律及其分形特征. 岩石力学与工程学报, 2011, 30(增2): 3844-3850.

第 5 章　泥岩的泥化与崩解

泥岩的泥化或崩解可使其工程性质发生质的变化，而引起其泥化或崩解的因素有多种，既有其自身的因素，也有自然环境变化的因素等，而外在因素往往是通过内在因素起作用的。

5.1　泥岩的泥化特性

所谓泥岩的泥化，是指泥岩在一定的条件下变成可塑性较强的似泥状或泥状物质，其含水量明显高于原岩。从不同软岩工程实践所揭示的泥化夹层的发育情况看，泥化程度的强弱、泥化规模的大小在不同岩层、不同区域都是不同的。

进一步的研究发现[1]：①泥化夹层出现的部位可在同一性状岩层的内部，也可在岩性发生变化的较软侧岩层中。②是否泥化与物质组成中的黏土矿物种类无关，即无论以哪种黏土矿物为主，都有泥化现象存在。泥化层与相邻的非泥化层相比，总趋势是泥化层的黏土矿物总量要高一些。泥化夹层往往出现在黏土矿物相对富集、力学强度相对较弱的岩层中，或岩性由软向硬过渡的界面处。③泥化层的规模和大小与黏土矿物的种类有一定的关系，蒙脱石含量较高岩层的泥化层厚度、广度较以伊利石含量为主、蒙脱石含量相对较低的岩层的大，且连续性较强。同样是以伊利石含量为主的岩层，黏土矿物总量和小于 $2\mu m$ 的黏粒含量高、碳酸盐含量低的泥化层连续且分布范围广。④即使同一软弱岩层，在不同地点或同一地点的不同部位(如光滑面、泥化层、母岩)，其黏土矿物的种类和各种黏土矿物的含量也会有所不同，但不管这种差异如何，相对于邻近的砂岩、粉砂岩来说，在地质构造应力的作用下，它们都更易受到破坏。当致密的软弱岩层在构造应力作用下，沿其较软弱的层位剪切变形并因构造破坏形成大量的自由表面和自由空间时，这就为地下水的积极活动和自由表面的颗粒分散泥化创造了条件。但从物理化学的观点看，只是在满足王幼麟[2]所述的若干条件的情况下，破碎软岩才会在各种物理化学因素的作用下发生黏土矿物颗粒之间的分散膨胀，直至形成泥化夹层。这种物质分散膨胀形成泥化物的过程进行到分散膨胀压力与外荷应力平衡时止。显然，这一过程与黏土矿物的种类无关，但过程的快慢与矿物的种类有关，因为不同矿物的物理化学活性是不相同的。⑤黏土矿物总量高或小于 $2\mu m$ 黏粒含量高的层位，其强度相对要低些，在构造应力作用下也更容易被破坏而发生泥化。此外若岩层中含有碳酸盐，它的存在有两种作用：在颗粒之间起胶结剂作用和起粗粒骨架作用。在泥化形成的过程中，地下水的运动会溶蚀并带走部分碳酸盐，相应地增加了其他物质成分在这些层位中的比例，因而呈现出泥化夹层的黏土矿物总量和小于 2μm 黏粒含量一般较邻近软岩要高，碳酸盐含量则较低的物质组成特点。

5.2　泥岩的耐崩解性

崩解与泥化的本质是相同的，但表现形式却不一样。泥化现象往往是指在工程开挖过程中揭示出的原来已存在于岩层中的、改变了原岩性质的物质存在形式。而崩解则是岩层在开挖揭露后或暴露岩层，由于脱湿后的再吸湿，造成原岩逐渐崩解成碎块，甚至分散成碎屑或泥的现象。受泥岩物质组成的影响，崩解存在一定的差异性。

5.2.1　实验样品与方法

1. 岩样矿物组成

试验样品分别采自内蒙古乌达矿区五虎山煤矿(WK)，为古生代石炭-二叠纪泥质页岩；利民煤矿(LM)，为古生代石炭-二叠纪砂质泥岩；贺斯格乌拉煤田(HK)，为中生代侏罗纪铝土质泥岩和山东龙口矿区洼里煤矿(WL)，为新生代第四纪泥质页岩。对试样进行 X 射线衍射(XRD)分析和压汞试验分析(MIP)。表 5-1 所示为试样矿物组成分析结果。

表 5-1　岩样矿物组成分析结果

岩样	Q	K	I	Mo	Ch	P	Cr	Cl	F	An	C	O
LM	30	40	5	—	—	20	—	—	—	—	—	5
HK	10	—	5	—	—	—	30	20	10	—	—	25
WK	30	40	20	—	5	—	—	—	—	—	—	5
WL	20	—	5	20	5	—	—	—	—	10	15	25

注：表中 Q 为石英，K 为高岭石，I 为伊利石，Mo 为蒙脱石，Ch 为绿泥石，P 为黄铁矿，Cr 为方石英，Cl 为斜发沸石，F 为长石，An 为斜长石，C 为方解石，C 为其他矿物。

2. 岩样的孔裂隙特征

图 5-1 所示为试验岩样的孔裂隙分布曲线。可以看出，贺斯格乌拉和五虎山岩样的累积孔容分布曲线[图 5-1(a)]和相对孔容分布曲线[图 5-1(b)]相近，累积孔容分布曲线表现出先陡后缓再陡的形态，即孔径大于 10^4nm 和小于 10nm 的孔占

多数，分别达到总孔容的 40%和 25%以上；利民岩样累积孔容分布曲线表现出先陡后缓的形态，即孔径大于 10^4nm 的孔占绝大多数，达到总孔容的 76%；洼里岩样累积孔容曲线表现出先缓后陡再缓的形态，即孔径为 $10^2 \sim 10^4$nm 的孔占大多数，达到总孔容的 85%。

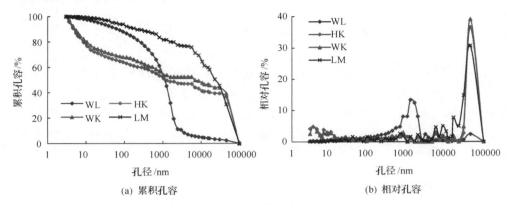

(a) 累积孔容　　　　　　　　　(b) 相对孔容

图 5-1　试验岩样孔裂隙分布曲线

3. 试验方法

从四组岩样中各取重 40～60g 的等方状岩块 10 块，在设定温度(105～110℃)下烘干，干燥器内冷却至室温后称量，然后置于岩石耐崩解性试验仪(HNB-1 型，见图 5-2)的筛筒中进行耐崩解试验。试验时，先将试件装入筛筒并一起置于水槽中，连接传动装置，然后向水槽中注入水温为 20℃的自来水，水位达到筛筒轴心下 20mm 时停止注水，开启试验仪。使筛筒以 20r/min 的速度旋转 10min 后停止，取下筛筒，放入烘箱烘干(温度 105～110℃)，干燥器内冷却至室温后，取出岩样称量，完成一次循环，计算岩石耐崩解性指数。重复上述步骤，每组试样分别进行 8 次循环。

图 5-2　岩石耐崩解性试验仪

5.2.2　崩解循环对岩样形态的影响

1. 残留块体形态变化规律

图 5-3 所示为经历不同标准循环后的岩样残留块体形态图像(图中字母表示岩样名称和循环次数，如 HK-2 为贺斯格乌拉铝土质泥岩经历两次标准崩解循环)。可以看出，贺斯格乌拉煤田铝土质泥岩的岩样在经过 2、5、8 个标准循环的过程中，岩样的棱角逐渐发生钝化，到后期岩样块体棱角慢慢消失，磨圆性增强，呈鹅卵石状，部分岩块完整性保持较好，岩块粒径总体上呈减小趋势，见图 5-3(a)；利民煤矿砂质泥岩的岩样经过 2 个标准循环后，岩样已完全崩解，残留块体粒径

(a) 贺斯格乌拉铝土质泥岩

(b) 利民砂质泥岩

  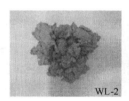 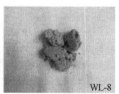

(c) 洼坨龙质页岩

(d) 五虎山泥质页岩

图 5-3　经历不同耐崩解循环后残留块体形态变化

为 0.5～2cm，呈糜棱状，在随后的循环过程中，残留块体粒径不断减小，但减小速率降低，残留块体粒径趋于均一化(0.2～0.5cm)，少量块体磨圆呈豌豆状，见图 5-3(b)；山东龙口矿区洼里煤矿泥质页岩经过一个标准循环后，岩块胶结成一个大的整体，原始岩块形态可辨，岩块表面遍布大量不均匀分布的龟裂裂缝。经历两个循环后，残留块体重新胶结，已辨别不出岩块的原始形态，在随后的崩解循环过程中，残留物不断泥化－胶结，残留物实质为岩样细小黏粒不断淋滤后形成的泥质胶结物，手可捏碎呈粉状，见图 5-3(c)；五虎山煤矿泥质页岩的岩样经过两个标准循环后，残留块体呈不规则片状，尺寸数厘米，在随后的崩解循环过程中，方形片状块体逐渐消失，残留块体变小，形状以矛状和刀状为主，并可见粒径数厘米磨圆性好的大块，见图 5-3(d)。

2. 水中沉积物颗粒形态特征

图 5-4 所示为经历两次崩解循环后水中沉积物的图像。可以看出，贺斯格乌拉煤田铝土质泥岩沉淀呈泥糊状，中间夹杂着大量呈立方状颗粒；利民煤矿砂质泥岩的沉淀以糜棱状颗粒为主，颗粒间伴有泥状物；龙口矿区洼里煤矿泥质页岩沉积物完全呈淤泥状，依稀可见细小的黑色颗粒物；五虎山煤矿泥质页岩沉积以长条形颗粒物为主，颗粒间有少许泥状物。

图 5-4　经历两次崩解循环后水中沉积物

5.2.3　崩解循环对耐崩解性指数的影响

1. 耐崩解性指数

岩石的耐崩解性是指岩石抵抗软化和崩解的能力，一般通过专门的耐崩解试验测定，用耐崩解性指数表示。煤和岩石物理力学性质测定方法[3]中定义岩石的耐崩解性指数为试件在承受干燥和浸润两个标准循环后，残留质量与原质量的百分比。然而，对周围水环境周期性变化的岩土工程，如建设在干旱半干旱地区的岩土工程、水库工程的库岸边坡岩体、泥岩钻孔井壁稳定等，仅以两个标准循环来确定岩石的耐崩解性指数是远远不够的，这时经过多个标准循环之后得到的指标更有意义。出于上述考虑，这里将试件承受的标准循环次数扩展为 n 次，将耐

崩解性指数的定义修正为

$$I_{dn} = \frac{m_n}{m_d} \times 100\%$$ (5-1)

式中，I_{dn} 为岩石（n 次循环）耐崩解性指数，%；m_d 为原试样烘干质量，g；m_n 为第 n 次标准循环后残留试样的烘干质量，g。

2. 结果分析与讨论

表 5-2 所示为岩样不同标准循环后崩解残留块体的质量。可以看出，随循环次数的增加崩解残留块体的质量逐渐降低，经历 8 次循环后，贺斯格乌拉铝土质泥岩由最初的 485.013g 降至 375.001g，质量减小 22.7%；利民砂质泥岩由最初的 490.908g 降至 363.220g，质量减小 26%；洼里泥质页岩由最初的 473.546g 降至 73.750g，质量减小高达 84.4%；五虎山泥质页岩由最初的 487.105g 降至 439.591g，质量减小仅为 9.8%。

表 5-2　不同崩解循环后残留颗粒质量

循环次数	HK/g	WK/g	WL/g	LM/g
0	485.013	487.105	473.546	490.908
1	470.158	483.524	425.803	465.346
2	454.477	471.103	320.763	441.652
3	440.485	462.263	243.817	426.300
4	427.814	453.901	197.654	415.530
5	415.244	450.320	165.171	403.052
6	401.787	446.352	131.242	389.890
7	388.479	443.273	104.484	377.711
8	375.001	439.591	73.750	363.220

图 5-5 所示为岩样的耐崩解性指数与标准循环次数的关系曲线。可以看出，随耐崩解性试验循环次数的增加，岩样的耐崩解性指数逐渐降低，降幅变小，耐崩解性指数随崩解循环次数的变化规律可用式进行拟合：

$$I_{dn} = A \exp^{-Bn}$$ (5-2)

式中，A，B 为拟合参数；n 为耐崩解循环次数。

试验岩样的拟合参数及相关系数见表 5-3。

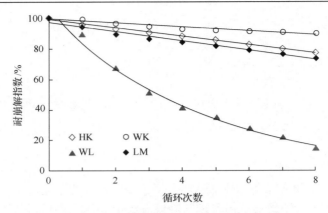

图 5-5　耐崩解性指数与循环次数的关系曲线

表 5-3　拟合参数与相关系数

岩样	A	B	相关系数 R^2
HK	100.02	0.0318	0.9995
LM	98.062	0.0356	0.9882
WK	99.536	0.0135	0.9558
WL	106.32	0.2303	0.9939

　　由图 5-5 还可以看出,洼里泥质页岩的耐崩解性指数明显小于其他 3 种岩样。结合岩样的矿物组成分析结果可以发现,洼里泥质页岩耐崩解性指数明显偏低是由其矿物组成中含有大量蒙脱石引起的,蒙脱石的晶格构造具有吸水膨胀的性能,相邻晶胞间的联结力很弱,存在着良好的解理,水分子及交换阳离子可无定量地进入其间,具有极强的吸水膨胀性。利民砂质泥岩和五虎山泥质页岩矿物组成相近,崩解残留物块体及水中沉积物性状高度相似,受伊利石含量的影响,五虎山泥质页岩的耐崩解性指数要高于利民砂质泥岩。贺斯格乌拉铝土质泥岩含有大量的方石英,由于方石英特有的高硬度、比表面积大、良好的刚性、耐磨性和在极高温度或恶劣的环境下也不会裂解的特性,耐崩解性指数相对较高,数值介于利民砂质泥岩和五虎山泥质页岩之间。

　　耐崩解性指数能够有效反映岩石抵抗软化和崩解作用的能力,这一点是毋庸置疑的。然而,在工程实践中仅通过耐崩解性指数对岩石的崩解性进行描述尚不够全面,如五虎山泥质页岩的耐崩解性指数(I_{d2}=96.7%;I_{d5}=92.4%;I_{d8}=90.2%)高于贺斯格乌拉铝土质泥岩(I_{d2}=93.7%;I_{d5}=85.6%;I_{d8}=77.3%),但其崩解残留块体的块度却明显小于后者(图 5-3),即耐崩解性明显弱于后者。因此,要准确判断岩石的耐崩解性,提高判别结果的可靠性,需要结合岩石的矿物组成和孔裂隙结构特征等因素综合分析。

5.2.4　耐崩解性差异产生机理分析

　　结合耐崩解性试验和矿物组成分析结果，不难发现，泥岩样品耐崩解性差异主要是由其矿物组成和孔裂隙结构不同引起的[4]。洼里泥质页岩崩解主要由所含亲水性黏土矿物蒙脱石决定。岩样遇水后，蒙脱石黏粒富集部位发生水化，促使双电层扩展，粒间结构的物理化学联结减弱，出现粒间膨胀和蒙脱石晶层间膨胀，岩样内部的差异膨胀导致岩样强度降低并最终诱发岩样崩解，崩解物分散成泥，失水后崩解物可重新胶结，但胶结物强度显著降低，基本丧失抵抗外力的能力。贺斯格乌拉铝土质泥岩、利民砂质泥岩和五虎山泥质页岩尽管矿物组成和孔裂隙特性存在一定差异，但都不含膨胀性黏土矿物蒙脱石，均以孔径大于 10^4 nm 的孔裂隙为主。岩样遇水后，具有较大表面自由能的孔裂隙与水接触后将强烈地吸附水分子，形成表面吸附层。由于水分子的吸附而减少的表面自由能一部分以湿润热的形式逸散，另一部分则转化为促使岩石孔裂隙相界面增大的力学破坏能。这种力学破坏能将作为一种表面压力(楔裂压力)而起作用，使得岩石发生变形和破坏，最终形成沿裂隙崩解的碎块，但碎块难以进一步分散成碎屑，这也是其耐崩解性指数明显高于洼里岩样的原因所在。

5.3　泥岩的泥化崩解机理

5.3.1　泥岩的泥化机理

　　20 世纪葛洲坝水利枢纽工程修筑时，坝基遭遇大量的泥化夹层，引起了国内相关学者的关注，对泥岩的膨胀、泥化及崩解机理进行了大量的研究。曲永新等[5]和戴广秀等[6]通过实地的工程地质调查，查明了：①泥化夹层多发生在软/硬相间的、强度相对较低的黏土质岩层内，或厚大的粉砂质黏土岩和黏土质粉砂岩层内部，岩层中的黏土质物质，即是泥化形成的物质基础。②泥化层两侧可明显看到地质构造作用造成岩层破坏的分带现象，如图 5-6 所示，在节理带、劈理带、泥化带可明显看到层间错动光面和擦痕，泥化现象与地质构造运动密切相关。③在对基坑范围内若干人工露头的调查表明，节理带黏土岩在天然埋藏条件下(即不发生脱水作用)无论是地下水的长期作用，还是基坑内水的长期浸泡，均未发现岩层的状态和性质有明显的变化，但劈理带凡是遭到水作用的地段均呈塑性泥，有的甚至呈泥浆被挤出。偏光显微镜研究结果还表明，层间错动后发生有地下水溶蚀的碳酸盐的重结晶充填作用，原生石英颗粒的溶蚀作用，游离氧化物的重新分布等物理化学作用。以上现象皆说明，泥化是与水的参与分不开的。

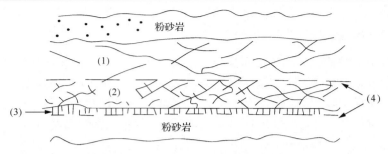

图 5-6　泥化夹层剖面结构构造示意图

(1)节理带:节理多呈两组,节理面光滑,有时见擦痕;(2)劈理带:劈理密集,间距小于 1mm;
(3)泥化带:肉眼见不到节理或劈理;(4)泥化面:图中断线表示,一般平整,并有擦痕

　　王幼麟[2]将泥岩泥化形成过程分解为图 5-7 所示的各步骤。在水的物理化学作用中,特别强调了胶结物中碳酸盐的溶失及游离氧化物硅、铁、铝在地下水(pH=9)的作用下发生溶胶⊟□□ 凝胶的可逆变化导致水化胶溶占优势,因游离氧化硅的等电点为 pH=5~6,Fe_2O_3 的 pH≈7,Al_2O_3 的 pH≈8,而地下水的 pH≈9,高于三者,故胶溶占优。但这些无定形游离氧化物不易溶解,因 SiO_2 要求 pH>10 才能较好溶解,Fe_2O_3 要求 pH<3.5,Al_2O_3 要求 pH<5 才能较好溶解,故只有 SiO_2 才会有少许的溶解。

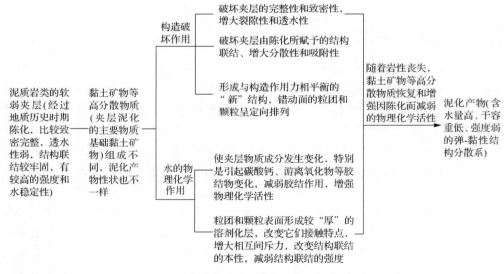

图 5-7　泥质岩泥化过程示意图

　　碳酸盐在高 pH 值条件下溶蚀甚微,但仍能溶失,正是这些胶结物的溶失和水化胶溶,才使得黏土颗粒易于分散,发生泥化,也使得泥质岩不同分散状态的塑性有所不同。塑性指标理论上不应受含水量等状态指标的影响,因研究表明它

们有相近的矿物组成特性。但实测得到塑性指标却表现出泥化物与相邻岩块的明显不同，因此可以认为在泥化过程中，泥岩的组构单元之间的联结状态或称胶结状态发生了变化，即胶结状态由强变弱，使得颗粒间发生分散作用，即泥化物中细颗粒明显增加，而同一物质，颗粒越细，则塑性越强，这一点为王幼麟[2]、曲永新等[5]和戴广秀等[6]所证实。

综上所述，可大致认为泥岩泥化需具备以下条件：①必要的物质基础——泥质岩层或粉砂质黏土岩层。②必要的构造运动，使原生泥质岩类的结构产生破坏，以利于地下水作用。③地下水的参与，通过水与物质的物理化学作用，使破碎的、结构受到破坏的岩块发生泥化作用，最后形成高塑性泥状物质。

5.3.2 泥岩的崩解机理

关于泥岩的崩解机理，刘长武和陆士良[7]引用朱效嘉《软岩水理性质》一书中的论点解释其研究的泥岩的崩解机理：由于高岭石、伊/蒙混层等黏土矿物颗粒较小，亲水性很强，当水贯入岩石的孔隙、裂隙中时，细小岩粒的吸附水膜便会增厚，引起岩石体积膨胀。由于这种体胀是不均匀的，岩石内产生不均匀的应力，部分胶结物会被稀释、软化或溶解，于是导致岩石颗粒的碎裂解体。

王小军等[8]则引入了太沙基和佩克提出的气致崩溃学说，认为：泥岩的失水干燥使其吸湿能力提高，大量裂隙、孔隙中充满空气，当干燥泥岩浸水时，由于吸湿压力的作用，水很快沿裂隙通道渗入，岩块内空气被挤压到内部而压缩。随着外部水浸入量的增加，内部空气压力上升，导致矿物骨架沿最弱面发生破裂而逐渐崩解解体。

结合泥岩耐崩解性的试验研究，可将泥岩的崩解机理分为两类[9]：一类是富含黏土矿物特别是蒙脱石，其崩解机理可概述为蒙脱石黏粒富集部位发生水化，促使双电层扩展，使粒间结构的物理化学联结减弱，出现粒间膨胀和蒙脱石晶层间膨胀，岩体内部的差异膨胀导致岩体强度降低并最终导致岩体崩解。这类岩石浸水后，通常伴有鳞片状碎屑剥落、分散，使浸泡水发生混浊，最后整个试样塌散开来，崩解物呈泥糊状或细微的鳞片状，如图 5-8 所示。由于崩解产物高度分散而悬浮。常使浸水较长时间难以澄清，可称为水化-分散(膨胀)性崩解。另一类黏粒含量相对少一些，但失水可使黏土矿物相对富集的部位产生许多微裂隙，故岩石失水后浸水，具有较大表面自由能的裂隙与水接触后将强烈地吸附水分子，形成表面吸附层。由于水分子的吸附而减少的表面自由能一部分以湿润热的形式逸散，另一部分转化为促使岩石裂隙相界面增大的力学破坏能。这种力学破坏能将作为一种表面压力(楔裂压力)而起作用，使得岩石发生变形和破坏，最后形成沿裂隙崩解的碎块，碎块难以进一步分散成碎屑，如图 5-9 所示。这类岩石浸水后，膨胀不明显，浸泡水常是清澈的，可称为吸附-楔裂性崩解。

(a) 原始岩样

(b) 浸水后

图 5-8　水分-分散性崩解过程

(a) 原始岩样

(b) 经历两次浸失水循环

(c) 经历三次浸失水循环

(d) 经历四次浸失水循环

图 5-9　吸附-楔裂性崩解过程

参 考 文 献

[1] 谭罗荣, 孔令伟. 特殊岩土工程地质学. 北京: 科学出版社, 2006.

[2] 王幼麟. 葛洲坝泥化夹层的成因及性状的物理化学探讨. 水文地质工程地质, 1980, (4): 1-7.

[3] 中华人民共和国国家质量监督检疫总局, 中国国家标准化管理委员会. 煤和岩石物理力学性质测定方法 第 16 部分: 岩石耐崩解性指数测定方法. GB/T 23561.16-2010. 北京: 中国标准出版社, 2010.

[4] 柴肇云, 张亚涛, 张学尧. 泥岩耐崩解性与矿物组成相关性的试验研究. 煤炭学报, 2015, 40(5): 1178-1183.

[5] 曲永新, 单世桐, 徐晓岚, 等. 某水利工程泥化夹层的形成及变化趋势的研究. 地质科学, 1977, 12(4): 363-371.

[6] 戴广秀, 凌泽民, 石秀峰, 等. 葛洲坝水利枢纽坝基红层内软弱夹层及其泥化层的某些工程地质性质. 地质学报, 1979, (2): 153-165.

[7] 刘长武, 陆士良. 泥岩遇水崩解软化机理的研究. 岩土力学, 2000, 21(1): 28-31.

[8] 王小军, 赵中秀, 答沿华. 膨胀岩的湿化特性及其对堑坡浅层溜坍的影响. 岩土工程学报, 1998, 20(6): 42-46.

[9] 康天今, 柴肇云, 王东, 等. 物化型软岩块体崩解差异性的试验研究. 煤炭学报, 2009, 34(7): 907-911.

第6章　泥岩的胀缩性

泥岩的强风化、软化、崩解和膨胀甚至泥化特性是与环境变化息息相关的。环境的变化包括由于开挖造成的压力释放、由于温度升高造成的干燥以及由于水分进入或逸出造成的体积增大或缩小。最重要的因素，而且对工程实践来说又是关系重大的因素，就是水对泥岩的作用。受水分迁移的影响，泥岩产生胀缩性，工程特性持续降低，对岩土工程的长期稳定性造成严重威胁。水-泥岩相互作用的研究也因此受到学术界和工程界的高度关注。

目前，水-泥岩相互作用的研究主要集中在含水岩石力学特性[1~3]、泥岩吸水特性[4]、水对岩石动力学特性的影响[5]、水–岩化学作用的力学效应[6, 7]、岩石遇水后的微观结构特征与软化崩解机制[8~10]等方面。泥岩遇水后膨胀性能的试验和理论研究并不多见，对泥岩遇水膨胀各向异性，尤其是不同水化学环境下泥岩胀缩差异以及产生这种差异的内在机制缺乏深入研究和理解，因而对周围水化学环境变化较大的泥岩工程，如放射性废物处置硐室，泥岩钻孔井壁稳定等，难以进行安全设计和可靠性分析。为此，近年来国内外学者相继开展了水化学作用下泥岩胀缩性能的研究。例如，Wong 和 Wang[11]基于泥岩膨胀试验，考虑泥岩矿物颗粒膨胀、组构和诱发应力各向异性三要素，构建了用于模拟泥岩膨胀的三维数学模型；Pejon 和 Zuquette[12]通过泥岩的膨胀试验，分析了应变变化对膨胀力的影响，指出泥岩膨胀力高度依赖于试验期间所受的应变；Doostmohammadi 等[13]、Pejon 和 Zuqette[14]基于泥岩的循环膨胀试验，分析了干湿循环次数对膨胀率和膨胀力的影响，发现随循环次数增多，累积膨胀率和膨胀力增加，膨胀率和膨胀力的增加率下降并趋于一定值。毫无疑问，这些研究为理解泥岩遇水膨胀性能和膨胀机制提供了重要参考。

然而，上述研究并未涉及水化学环境改变对泥岩膨胀性能的影响，而泥岩所处的水化学环境发生变化其膨胀性能又会如何？泥岩经历周期性吸水-失水作用后其膨胀性能如何？为深入研究水化学环境发生变化后泥岩的膨胀性能及其内在机制，笔者通过泥岩的膨胀试验，对不同水化学溶液种类、浓度、化学路径作用下以及经历不同周期性吸-失水循环作用后泥岩的膨胀性能进行研究，并结合扫描电镜能谱分析，探讨泥岩膨胀性能发生变化的内在机制。

6.1　试验岩样与方法

6.1.1　试验岩样

试验所用岩样采自山东龙口矿区洼里煤矿，为新生代古近系李家崖组泥质页岩，属深水湖泊相沉积。岩样呈明显的层状结构，见图 6-1。BET 比表面积为 13.2264m^2/g，langmuir 比表面积为 18.337m^2/g，可交换阳离子有 K$^+$、Na$^+$、Ca^{2+} 和 Mg^{2-}，容量为 42.5 meq/kg。试样密度 2500kg/m^3，含水量 23.54%，加载方向垂直于层理面时，单轴抗压强度 9.3MPa，弹性模量 1002MPa。图 6-2 给出了岩样的 X 射线衍射图谱，表 6-1 给出了岩样的矿物成分。

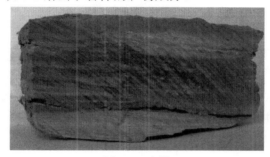

图 6-1　岩样

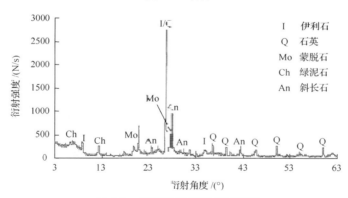

图 6-2　岩样的 X 射线衍射图谱

表 6-1　岩样矿物组成

矿物	蒙脱石	伊利石	绿泥石	石英	斜长石	方解石	黄铁矿	白云石
含量/%	20	10	10	40	10	5	3	2

6.1.2　试样制备

将现场蜡封取回的岩块加工成直径 50mm、高度 25mm 左右的圆柱件。考虑到岩样遇水软化、崩解甚至泥化的特性，在钻芯、切割、磨平等加工过程中，用润滑油代替水对刀具进行降温、降尘。按圆柱体两端面与层理面呈不同夹角加工岩样，见图 6-3，其中呈 30°、45°、60°、90°夹角各 2 个，呈 0°夹角 8 个，共加工试件 16 个。

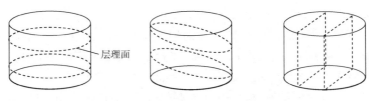

图 6-3　岩样层理方位示意图

6.1.3　试验装置

试验装置采用自主开发研制的软岩膨胀性试验装置（授权发明专利：ZL 200910073780.1），可测试不同水环境、电解液和电场等作用下软岩的膨胀性能，形成不同条件下软岩的膨胀特征曲线，通过对比这些曲线得出不同条件下软岩的膨胀性差异。试验装置见图 6-4。该装置由样品室、溶液槽、多孔板、岩芯试样、位移传感器等组成，其中溶液槽底部外侧留有进液口，进液口上设有控制阀，样品室由置于溶液槽中的膨胀环底座、圆形多孔板、活塞、膨胀环组成，多孔板置于岩样底部，其外缘与膨胀环内壁之间动接触并密封配合。为防止岩屑沿多孔板小孔流失，在岩样的顶底部铺设快速定性滤纸。活塞置于岩样上方并与位移传感器接触。为便于观察，溶液槽、膨胀环采用有机玻璃材质，膨胀环壁厚 5mm，内径 50mm。

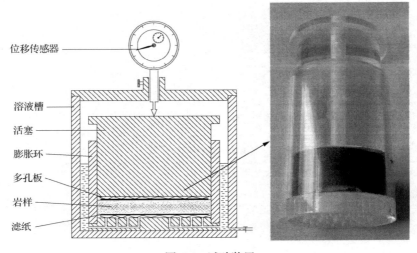

图 6-4　试验装置

6.1.4　试验方案

试验时，首先将岩样装入膨胀环中，为确保岩样恰好紧密套入膨胀环中并降低装样过程中岩样与膨胀环之间的摩擦力，在岩样环向涂一薄层凡士林，然后将装有岩样的膨胀环浸入水溶液中，液面高出岩样上表面 1cm。通过置于岩样上表面中心位置处的位移传感器记录岩样高度变化。为得到岩样层理方位、化学溶液浓度、化学路径以及周期性吸水-失水对其膨胀性的影响规律，试验共设计 4 个方案，见表 6-2。其中方案 1 试验分两步进行：①对所加工的 10 个圆柱体试件分别进行膨胀试验，浸泡时间 5d(120h)。②膨胀试验结束后，对端面与层理面呈 0°夹角的两个试件继续进行循环胀缩试验。具体试验操作如下：待岩样膨胀稳定(浸泡 120h)后，将位于溶液槽底部的进液口上的控制阀打开，放出溶液槽中的蒸馏水，将实验装置移入真空干燥箱中，为了真实模拟干旱气候的影响，采用部分干缩路径，部分干缩通常有两种试验形式：一种是给定干燥要达到的含水率状态而不计干燥温度和作用时间；另一种是给定干燥温度和作用时间而不管最终的含水率状态。这里采用后者，设定真空干燥箱烘干温度 50℃，持续烘干 48h，记录试样的收缩变形，完成一次湿干循环。移出实验装置，待冷却至室温后，通过在进液口上连接软管，靠软管两端的水压差，使蒸馏水自然流入，溶液槽内液面高度达到设定高度时，关闭控制阀，开始下一循环，如此循环往复，共进行 6 个循环。岩样为自然含水状态，试验温度 20℃。每个角度试验两个岩样，取其平均值作为试验值。膨胀试验结束后，将各试验岩样在 105℃烘干，对其进行扫描电镜能谱分析。

表 6-2　试验方案

编号	溶液	方案描述
1	蒸馏水	(1)对岩样端面与层理面呈 0°、30°、45°、60°和 90°夹角的岩样分别进行膨胀试验； (2)对端面与层理面呈 0°夹角的岩样两个试件继续进行循环胀缩试验
2	NaCl, 蒸馏水	岩样端面与层理面平行，岩样不变，改变 NaCl 水溶液浓度，依次为饱和、3mol/L、1mol/L 和蒸馏水
3	NaCl, CaCl$_2$, AlCl$_3$, 蒸馏水	岩样端面与层理面平行，岩样不变，改变水溶液种类，依次为 1mol/L AlCl$_3$、1mol/L CaCl$_2$、1mol/L NaCl 和蒸馏水
4	NaCl, CaCl$_2$, AlCl$_3$, 蒸馏水	岩样端面与层理面平行，岩样不变，改变水溶液种类，依次为 0.33mol/L AlCl$_3$、0.5mol/L CaCl$_2$、1 mol/L NaCl 和蒸馏水

6.2　泥岩膨胀各向异性

6.2.1　膨胀变形随层理面方位的变化规律

表 6-3 所示为不同层理面方位岩样膨胀率测试结果（两个测试岩样取平均值），图 6-5 所示为不同层理面方位岩样膨胀变形随时间的变化曲线（根据试验结果，浸泡 48h 岩样膨胀基本稳定，为方便分析，曲线取 0～48h 段），表 6-4 所示为不同层理面方位岩样稳定膨胀率和完成 90%膨胀量所用时间。

表 6-3　不同层理面方位岩样膨胀率测试结果

时间/h	膨胀率/%					时间/h	膨胀率/%				
	0	30	45	60	90		0	30	45	60	90
0	0.00	0.00	0.00	0.00	0.00	22	3.51	3.12	2.40	1.43	0.67
1/6	0.67	0.27	0.13	0.07	0.01	23	3.51	3.12	2.40	1.44	0.68
1/3	1.02	0.65	0.24	0.08	0.03	24	3.51	3.12	2.40	1.45	0.69
1/2	1.26	0.96	0.35	0.09	0.05	25	3.52	3.12	2.42	1.46	0.70
2/3	1.47	1.17	0.47	0.11	0.06	26	3.52	3.12	2.42	1.47	0.70
5/6	1.69	1.29	0.57	0.12	0.07	27	3.52	3.12	2.42	1.48	0.71
1	1.87	1.47	0.62	0.13	0.08	28	3.52	3.13	2.42	1.49	0.71
2	2.43	1.96	0.84	0.22	0.11	29	3.52	3.13	2.44	1.50	0.71
3	2.86	2.36	0.99	0.33	0.14	30	3.52	3.13	2.44	1.51	0.72
4	3.11	2.64	1.15	0.43	0.18	31	3.52	3.13	2.44	1.52	0.72
5	3.29	2.77	1.28	0.52	0.22	32	3.53	3.13	2.44	1.53	0.73
6	3.34	2.88	1.41	0.61	0.27	33	3.53	3.13	2.44	1.53	0.73
7	3.39	2.95	1.53	0.68	0.31	34	3.53	3.13	2.44	1.53	0.74
8	3.42	3.00	1.66	0.75	0.35	35	3.53	3.13	2.44	1.53	0.74
9	3.44	3.03	1.77	0.83	0.38	36	3.53	3.13	2.45	1.53	0.74
10	3.46	3.06	1.87	0.89	0.42	37	3.53	3.13	2.45	1.53	0.75
11	3.47	3.07	1.99	0.95	0.45	38	3.53	3.14	2.45	1.53	0.75
12	3.48	3.08	2.08	1.00	0.49	39	3.53	3.14	2.45	1.53	0.76
13	3.48	3.08	2.13	1.05	0.52	40	3.54	3.14	2.45	1.53	0.76
14	3.49	3.09	2.19	1.13	0.54	41	3.54	3.14	2.45	1.53	0.76
15	3.49	3.09	2.24	1.20	0.57	42	3.54	3.14	2.45	1.53	0.76
16	3.5	3.09	2.29	1.26	0.6	43	3.54	3.14	2.45	1.53	0.77
17	3.50	3.10	2.31	1.31	0.64	44	3.54	3.14	2.45	1.53	0.77
18	3.50	3.10	2.32	1.35	0.66	45	3.54	3.14	2.45	1.53	0.77
19	3.50	3.10	2.33	1.38	0.67	46	3.54	3.14	2.45	1.53	0.76
20	3.51	3.11	2.35	1.40	0.66	47	3.54	3.14	2.45	1.53	0.76
21	3.51	3.11	2.37	1.41	0.66	48	3.54	3.14	2.45	1.53	0.76

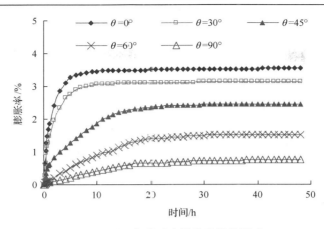

图 6-5　层理方位对岩样膨胀性的影响

表 6-4　岩样稳定膨胀率和完成 90%膨胀量所用时间

类别	层理面与端面夹角/(°)				
	0	30	45	60	90
膨胀率/%	0.76	1.53	2.45	3.14	3.54
时间/h	6	10	16	19	24

由图 6-5 和表 6-4 可以看出：①岩样的膨胀曲线先陡后缓最后趋于稳定，在 20h 内基本达到膨胀稳定状态，这为泥岩工程施工提供了参考，即泥岩的膨胀时间会持续很长，但是主要的膨胀量会在短期内完成，主要膨胀量完成后，即可进行工程的施工，不必等待膨胀的最后稳定。②岩样的膨胀率高度依赖于层理方位，岩样端面与层理面呈 0°夹角时，膨胀率最大，3.54%，岩样端面与层理面呈 90°夹角时，膨胀率最小，0.76%，仅为岩样端面与层理面呈 0°夹角时的 21.5%，膨胀率随层理面方位变化关系，见图 6-6。③随岩样端面与层理面夹角 θ 由 0°向 90°过渡，膨胀率达到稳定的时间由短变长，这可能是由于膨胀过程所需克服的不同方向(与允许膨胀的方向呈某一夹角)的力增加所致。

6.2.2　膨胀各向异性形成机理

为定量描述岩样膨胀各向异性，定义各向异性系数 λ 为

$$\lambda = \frac{\delta_{\theta /\!/} - \delta_{\theta \perp}}{\delta_{\theta /\!/} + \delta_{\theta \perp}} \tag{6-1}$$

式中，$\delta_{\theta /\!/}$ 为岩样端面平行于层理面时的膨胀率；$\delta_{\theta \perp}$ 为岩样端面垂直于层理面时的膨胀率。

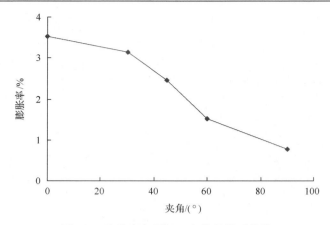

图 6-6　膨胀率与层理面方位的关系曲线

当 $\delta_{\theta//} = \delta_{\theta\perp}$ 时，$\lambda = 0$，表示岩样膨胀性与其层理面方位无关，即岩样内部膨胀颗粒分布均质连续；当 $\delta_{\theta\perp} = 0$ 时，$\lambda = 1$，表示岩样内部膨胀颗粒分布呈理想层状，平行于层理面方位的膨胀为零，膨胀只发生在垂直于层理面方位。

依式(6-1)可得试验岩样的膨胀各向异性系数为 0.65，其值依赖于所含黏土矿物尤其是蒙脱石类矿物颗粒的排列方式，黏土矿物为片状或链状结晶格架的铝硅酸盐，片状颗粒在力的作用下有沿垂直于作用力的平面择优取向的特点[15, 16]，含黏土矿物的泥质沉积岩在成岩过程中由于主要受重力挤压作用，片状或链状黏土矿物颗粒定向排列，通常形成垂直于重力方向的层状结构，即本身的组构存在各向异性，见图 6-7。当试样与水接触时，黏土矿物吸水膨胀，膨胀只在垂直于晶层表面(即黏土矿物晶体结构的 C 轴方向)的方向产生[17]，受其排列的各向异性影响，形成膨胀各向异性。换言之，黏土矿物颗粒排列的择优取向造成了泥岩吸水膨胀的各向异性。Barden L[18]和 Avsar 等[19]对黏土膨胀性研究时也曾有类似的发现。

(a) 平行层理

(b) 垂直层理

图 6-7　岩样的微观形貌(×2000)

6.3　水化学环境变化对膨胀性的影响

6.3.1　溶液浓度变化

表 6-5 所示为水溶液浓度变化岩样膨胀率测试结果(两个测试岩样取平均值)，图 6-8 所示为水溶液浓度变化对岩样膨胀性能的影响，岩样端面平行于层理面。

表 6-5　水溶液浓度变化岩样膨胀率测试结果

时间/h	膨胀率/%					时间/h	膨胀率/%				
	蒸馏水	饱和NaCl	3mol/L NaCl	1mol/L NaCl	0mol/L NaCl		蒸馏水	饱和NaCl	3mol/L NaCl	1mol/L NaCl	0mol/L NaCl
0	0.00	0.00	2.28	2.49	2.77	22	3.51	2.28	2.49	2.75	3.26
1/6	0.67	1.21	2.33	2.52	2.82	23	3.51	2.28	2.49	2.75	3.26
1/3	1.02	1.54	2.33	2.54	2.82	24	3.51	2.28	2.49	2.75	3.26
1/2	1.26	1.75	2.35	2.54	2.87	25	3.52	2.28	2.49	2.77	3.26
2/3	1.47	1.79	2.38	2.56	2.87	26	3.52	2.28	2.49	2.77	3.29
5/6	1.69	1.86	2.38	2.56	2.91	27	3.52	2.28	2.49	2.77	3.31
1	1.87	1.93	2.40	2.59	2.91	28	3.52	2.28	2.49	2.77	3.31
2	2.43	2.05	2.42	2.59	2.96	29	3.52	2.28	2.49	2.77	3.31
3	2.86	2.10	2.45	2.63	2.96	30	3.52	2.28	2.49	2.77	3.31
4	3.11	2.14	2.45	2.63	2.98	31	3.52	2.28	2.49	2.77	3.31
5	3.29	2.17	2.47	2.63	3.01	32	3.53	2.28	2.49	2.77	3.33
6	3.34	2.17	2.49	2.66	3.03	33	3.53	2.28	2.49	2.77	3.36
7	3.39	2.17	2.49	2.66	3.03	34	3.53	2.28	2.49	2.77	3.36
8	3.42	2.19	2.49	2.68	3.05	35	3.53	2.28	2.49	2.77	3.36
9	3.44	2.19	2.49	2.68	3.08	36	3.53	2.28	2.49	2.77	3.36
10	3.46	2.21	2.49	2.68	3.08	37	3.53	2.28	2.49	2.77	3.36
11	3.47	2.24	2.49	2.70	3.10	38	3.53	2.28	2.49	2.77	3.36
12	3.48	2.24	2.49	2.70	3.12	39	3.53	2.28	2.49	2.77	3.36
13	3.48	2.26	2.49	2.73	3.12	40	3.54	2.28	2.49	2.77	3.36
14	3.49	2.28	2.49	2.73	3.15	41	3.54	2.28	2.49	2.77	3.36
15	3.49	2.28	2.49	2.73	3.17	42	3.54	2.28	2.49	2.77	3.36
16	3.5	2.28	2.49	2.73	3.17	43	3.54	2.28	2.49	2.77	3.36
17	3.50	2.28	2.49	2.75	3.17	44	3.54	2.28	2.49	2.77	3.36
18	3.50	2.28	2.49	2.75	3.19	45	3.54	2.28	2.49	2.77	3.36
19	3.50	2.28	2.49	2.75	3.22	46	3.54	2.28	2.49	2.77	3.36
20	3.51	2.28	2.49	2.75	3.22	47	3.54	2.28	2.49	2.77	3.36
21	3.51	2.28	2.49	2.75	3.22	48	3.54	2.28	2.49	2.77	3.36

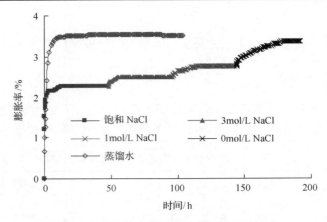

图 6-8　水溶液浓度变化对岩样膨胀性的影响

当岩样膨胀稳定后更换水溶液，将位于溶液槽底部进液口上的控制阀打开，待原溶液流干净后，通过在进液口上连接软管，靠软管两端的水压差，使替换溶液自然流入，溶液槽内液面高度达到设定高度时，关闭控制阀。依次使用饱和 NaCl，3mol/L NaCl，1mol/L NaCl 和蒸馏水。更换水溶液时，不能对测试系统有扰动。由图 6-8 可见，随水溶液浓度降低岩样膨胀率逐渐升高，由饱和 NaCl 溶液中的 2.28%，升高到 3mol/L NaCl 溶液中的 2.49%，增加 9.2%；到 1mol/L NaCl 溶液中的 2.77%，再次增加 11.2%；最终在蒸馏水中达到最大的 3.36%，为饱和 NaCl 溶液的 1.47倍，其值略低于直接浸入蒸馏水中的 3.54%。

　　岩样膨胀率随溶液浓度降低而升高的原因，可用渗透压理论解释。当泥岩所含黏土矿物尤其是蒙脱石类矿物晶层间的阳离子遇水时就会在晶层间形成电解质溶液，因为只有水分子渗入晶层中间，所以当表面电荷密度和晶层间距一定时，层间溶液浓度也就一定，根据 Van't Hoff 方程[20]，晶层内外的渗透压力为

$$F_0 = kTN_A(n_i - n_o) \tag{6-2}$$

式中，k 为玻尔兹曼常数，1.38×10^{-23}J/K；T 为热力学温度，K；N_A 为阿伏加德罗常数，6.02×10^{23}mol^{-1}，n_i、n_o 分别为晶层内、外溶液浓度，mol/L。

　　岩样在高浓度水溶液中膨胀稳定时，晶体层间溶液是与晶层外溶液浓度达成平衡状态的，晶层外溶液浓度的降低使晶层间存在过剩的渗透膨胀势而膨胀，晶层外溶液浓度降低越多，则晶层间距膨胀越大，才能使渗透压力与外力平衡。

6.3.2　阳离子价位变化

　　表 6-6 所示为阳离子价位变化岩样膨胀率测试结果（两个测试岩样取平均值），图 6-9 所示为阳离子价位变化对岩样膨胀性能的影响，岩样端面平行于层理面。当岩样膨胀稳定后更换水溶液，依次使用 1mol/L AlCl$_3$、1mol/L CaCl$_2$、1mol/L NaCl

和蒸馏水。更换水溶液时，不能对测试系统有扰动。由图 6-9 可见，随溶液阳离子价位降低，岩样膨胀率逐渐升高，1mol/L AlCl$_3$ 1.87%＜1mol/L CaCl$_2$ 2.40%＜1mol/L NaCl 2.66%＜蒸馏水 3.19%。上述差异可能是由黏土矿物晶层表面吸附的阳离子的水合作用导致的，Al^{3+}、Ca^{2+} 和 Na$^+$ 的水合能分别为 4673、1549 和 419 kJ/mol，与可交换阳离子的水合能相对应，离子交换蒙脱石晶层间距分别为 1.58nm、1.41nm 和 1.34nm[21]，晶层间距越小，岩样膨胀性越强。但是上述试验在保证阳离子浓度相同的同时，必将导致阴离子浓度的变化，膨胀性差异也可能是由阴离子浓度的变化所导致的。为了阐明膨胀性差异的原因，对 1mol/L 不同溶液和蒸馏水浸泡后岩样进行 SEM＋EDS 分析。

表 6-6　阳离子价位变化岩样膨胀率测试结果

时间/h	膨胀率/%				时间/h	膨胀率/%			
	1mol/L AlCl$_3$	1mol/L CaCl$_2$	1mol/L NaCl	蒸馏水		1mol/L AlCl$_3$	1mol/L CaCl$_2$	1mol/L NaCl	蒸馏水
0	0.00	1.87	2.40	2.66	22	1.82	2.40	2.66	3.17
1/6	0.14	1.89	2.40	2.71	23	1.82	2.40	2.66	3.17
1/3	0.26	1.94	2.42	2.74	24	1.82	2.40	2.66	3.17
1/2	0.36	1.96	2.42	2.78	25	1.82	2.40	2.66	3.17
2/3	0.46	2.01	2.45	2.81	26	1.82	2.40	2.66	3.17
5/6	0.51	2.04	2.45	2.85	27	1.82	2.40	2.66	3.17
1	0.58	2.04	2.47	2.88	28	1.82	2.40	2.66	3.17
2	0.79	2.08	2.49	2.90	29	1.82	2.40	2.66	3.17
3	1.01	2.11	2.52	2.95	30	1.82	2.40	2.66	3.17
4	1.22	2.16	2.54	2.98	31	1.82	2.40	2.66	3.17
5	1.32	2.18	2.54	3.00	32	1.82	2.40	2.66	3.17
6	1.44	2.21	2.57	3.00	33	1.82	2.40	2.66	3.17
7	1.48	2.23	2.57	3.02	34	1.85	2.40	2.66	3.17
8	1.56	2.25	2.59	3.02	35	1.85	2.40	2.66	3.19
9	1.58	2.25	2.59	3.05	36	1.85	2.40	2.66	3.19
10	1.63	2.28	2.62	3.07	37	1.85	2.40	2.66	3.19
11	1.65	2.30	2.62	3.10	38	1.85	2.40	2.66	3.19
12	1.68	2.30	2.62	3.10	39	1.87	2.40	2.66	3.19
13	1.73	2.30	2.64	3.10	40	1.87	2.40	2.66	3.19
14	1.73	2.35	2.64	3.12	41	1.87	2.40	2.66	3.19
15	1.75	2.35	2.66	3.12	42	1.87	2.40	2.66	3.19
16	1.75	2.35	2.66	3.12	43	1.87	2.40	2.66	3.19
17	1.77	2.35	2.66	3.12	44	1.87	2.40	2.66	3.19
18	1.80	2.37	2.66	3.12	45	1.87	2.40	2.66	3.19
19	1.80	2.40	2.66	3.14	46	1.87	2.40	2.66	3.19
20	1.80	2.40	2.66	3.14	47	1.87	2.40	2.66	3.19
21	1.80	2.40	2.66	3.17	48	1.87	2.40	2.66	3.19

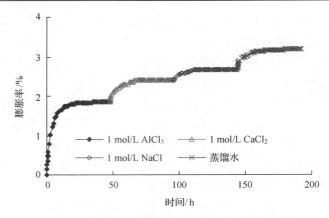

图 6-9　阳离子价位变化对岩样膨胀性的影响

测试在中国科学院地质与地球物理研究所的德国产 LEO1450VP 扫描电子显微镜上进行。每组测 5 个试样，每个试样分别取 80 倍、400 倍、2000 倍和 4000 倍四个放大倍数进行 SEM+EDS 分析，取其平均值作为岩样化学元素的测试值。测试时采用钨灯丝电子枪，可放大 $1×10^5$ 万倍，分辨率 3μm，真空压力 1~400Pa。样品置于低温(–50℃)干燥箱中去水，真空喷镀，观察面为新鲜、清洁、较平坦的自然断面。图 6-10 为 1mol/L 不同溶液和蒸馏水浸泡后岩样 2000 倍的 SEM 照片和 EDS 图谱。

从图 6-10 可以看出，1mol/L AlCl₃ 溶液浸泡后岩样片状黏土矿物颗粒膨胀相互挤压连成一体，受 AlCl₃ 的溶蚀作用，形成大量直径数微米的柱状溶蚀孔[图 6-10(a)]。1mol/L CaCl₂ 溶液浸泡后岩样，黏土矿物进一步膨胀，形成数十微米大的扁平团聚体，基本看不到片状的黏土矿物颗粒，受不均匀膨胀的影响，团聚体间产生狭长裂隙[图 6-10(b)]。1mol/L NaCl 溶液浸泡后岩样，黏土矿物颗粒吸

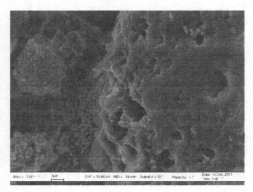
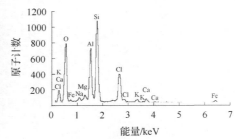

(a) 1mol/L AlCl₃溶液浸泡岩样

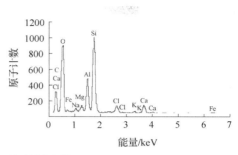

(b) 1mol/L CaC₃溶液浸泡岩样

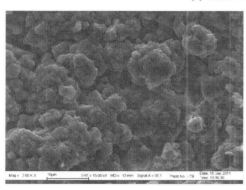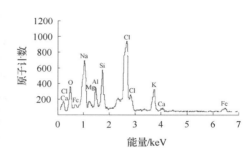

(c) 1mol/L NaCl溶液浸泡岩样

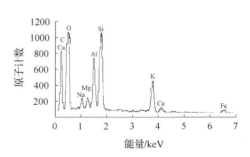

(d) 蒸馏水浸泡岩样

图 6-10　不同溶液浸泡后岩样的 SEM 照片及 EDS 图谱

水膨胀形成三维近似相等的不规则团聚体，团聚体边缘圆滑过渡，相互间形成近似等方的孔隙[图 6-10(c)]。蒸馏水浸泡后岩样，黏土矿物颗粒吸水膨胀团聚，孔裂隙以团聚体间孔隙为主，孔径数微米[图 6-10(d)]。

　　表 6-7 所示为岩样的 EDS 分析结果。由表 6-7 可知，金属元素原子百分比分别为：1mol/L AlCl$_3$ 浸泡岩样 14.92%，1mol/L CaCl$_2$ 浸泡岩样 11.68%，1mol/L NaCl 浸泡岩样 12.76%，蒸馏水浸泡岩样 18.52%；阴离子（Cl$^-$）原子百分比分别为：1mol/L AlCl$_3$ 浸泡岩样 6.88%，1mol/L CaCl$_2$ 浸泡岩样 1.76%，1mol/L NaCl 浸泡岩样 7.33%，蒸馏水浸泡岩样 0%。结合膨胀率试验数据可知，相同的物质的量浓度、阴离子种类溶液中岩样膨胀差异性主要由阳离子价位引起，而与阴离子浓度无直接相关性。

表 6-7　不同溶液浸泡后岩样成分的 EDS 分析结果

名称	含量/%									
	O	Si	Na	Mg	Al	K	Ca	Fe	Cl	C
1 mol/L AlCl$_3$ 浸泡岩样	60.69	17.10	0.07	1.25	9.96	0.76	0.87	2.02	6.88	0.00
1 mol/L CaCl$_2$ 浸泡岩样	55.94	17.11	0.12	3.45	5.38	0.25	1.62	0.86	1.76	13.44
1 mol/L NaCl 浸泡岩样	54.57	17.71	7.81	0.17	2.69	1.08	0.71	0.31	7.33	7.63
蒸馏水浸泡岩样	50.31	16.34	0.17	0.55	5.94	2.55	5.55	3.76	0.00	14.26

　　图 6-11 所示为岩样金属元素原子百分含量分布。金属元素中 1 价、2 价和 3 价阳离子所占比例分别为：1mol/L AlCl$_3$ 浸泡岩样 1 价阳离子 5.6%、2 价阳离子 14.2%、3 价阳离子 66.7%；1mol/L CaCl$_2$ 浸泡岩样 1 价阳离子 3.2%、2 价阳离子 43.4%、3 价阳离子 46%；1mol/L NaCl 浸泡岩样 1 价阳离子 70%、2 价阳离子 6.9%、3 价阳离子 21.1%；蒸馏水浸泡岩样 1 价阳离子 14.7%、2 价阳离子 32.9%、3 价阳离子 32.1%。结合不同溶液中岩样膨胀率可以发现，相同的浓度、种类阴离子溶液对岩样膨胀性的影响，主要是溶液中交换性阳离子的不同交换能力改变了岩样中低价与高价离子的比例，而低价离子对胀缩性的影响比高价离子大得多[22]。

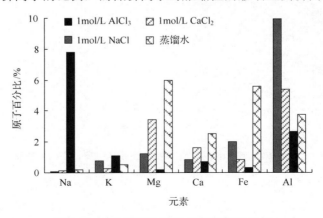

图 6-11　不同溶液浸泡后岩样阳离子分布

值得注意的是：蒸馏水浸泡岩样低价阳离子比例小于 1 mol/L NaCl 溶液浸泡岩样，但膨胀率大于后者。

6.3.3　化学路径

表 6-8 所示为化学路径变化岩样膨胀率测试结果（两个测试岩样取平均值），图 6-12 所示为化学路径对岩样膨胀性的影响，岩样端面平行于层理面。当岩样膨

表 6-8　化学路径变化岩样膨胀率测试结果

时间/h	膨胀率/%				时间/h	膨胀率/%			
	0.33mol/L AlCl$_3$	0.5mol/L CaCl$_2$	1mol/L NaCl	蒸馏水		0.33mol/L AlCl$_3$	0.5mol/L CaCl$_2$	1mol/L NaCl	蒸馏水
0	0.00	2.90	3.24	3.07	22	2.87	3.22	3.09	3.49
1/6	0.34	2.90	3.24	3.12	23	2.87	3.22	3.09	3.49
1/3	0.61	2.92	3.24	3.12	24	2.90	3.22	3.09	3.49
1/2	1.00	2.92	3.24	3.17	25	2.90	3.22	3.09	3.49
2/3	1.32	2.92	3.22	3.17	26	2.90	3.24	3.07	3.49
5/6	1.49	2.97	3.22	3.19	27	2.90	3.24	3.07	3.49
1	1.59	2.97	3.22	3.24	28	2.90	3.24	3.07	3.49
2	1.86	2.97	3.22	3.26	29	2.90	3.24	3.07	3.49
3	2.06	3.02	3.19	3.29	30	2.90	3.24	3.07	3.49
4	2.18	3.02	3.19	3.31	31	2.90	3.24	3.07	3.49
5	2.31	3.02	3.17	3.34	32	2.90	3.24	3.07	3.49
6	2.40	3.04	3.17	3.34	33	2.90	3.24	3.07	3.49
7	2.50	3.07	3.17	3.36	34	2.90	3.24	3.07	3.49
8	2.58	3.07	3.17	3.36	35	2.90	3.24	3.07	3.49
9	2.63	3.09	3.14	3.39	36	2.90	3.24	3.07	3.49
10	2.65	3.09	3.14	3.41	37	2.90	3.24	3.07	3.49
11	2.70	3.12	3.14	3.41	38	2.90	3.24	3.07	3.49
12	2.70	3.12	3.14	3.41	39	2.90	3.24	3.07	3.49
13	2.72	3.12	3.14	3.41	40	2.90	3.24	3.07	3.49
14	2.75	3.14	3.14	3.44	41	2.90	3.24	3.07	3.49
15	2.75	3.17	3.14	3.46	42	2.90	3.24	3.07	3.49
16	2.77	3.17	3.14	3.46	43	2.90	3.24	3.07	3.49
17	2.80	3.17	3.12	3.46	44	2.90	3.24	3.07	3.49
18	2.82	3.17	3.09	3.49	45	2.90	3.24	3.07	3.49
19	2.82	3.19	3.09	3.49	46	2.90	3.24	3.07	3.49
20	2.85	3.22	3.09	3.49	47	2.90	3.24	3.07	3.49
21	2.87	3.22	3.09	3.49	48	2.90	3.24	3.07	3.49

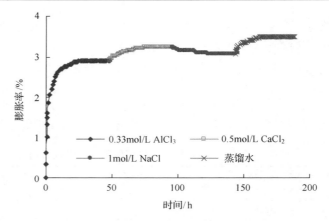

图 6-12　化学路径对岩样膨胀性的影响

胀稳定时，更换水溶液，依次使用 0.33mol/L AlCl$_3$，0.5mol/L CaCl$_2$，1mol/L NaCl 和蒸馏水。更换水溶液时，不能对测试系统有扰动。由图 6-12 可见，溶液为 0.33mol/L AlCl$_3$ 时，岩样膨胀率为 2.90%，当溶液更换为 0.5mol/L CaCl$_2$ 时，岩样膨胀率增长至 3.24%，当溶液更换为 1mol/L NaCl 时，岩样膨胀率降低至 3.07%，当溶液更换为蒸馏水时，岩样膨胀率达到最大的 3.49%。即岩样膨胀性与其所经历的化学路径有关。结合图 6-8、图 6-9 和图 6-12 可得不同溶液中岩样膨胀率存在如下规律：1mol/L AlCl$_3$＜1mol/L CaCl$_2$＜1mol/L NaCl＜0.33mol/L AlCl$_3$＜0.5mol/L CaCl$_2$。值得注意的是，溶液由 0.5mol/L CaCl$_2$ 更换为 1mol/L NaCl 时，可测得岩样体积收缩，但其稳定膨胀率值要高于由高浓度和高价位阳离子水溶液更换为 1mol/L NaCl 时的稳定值。这是由溶液更换前、后黏土矿物晶层间距收缩引起的。这种变化不像黏土矿物吸水膨胀失水收缩那样明显，在自然状态下通常看不出有体积变化，试验中岩样由于受到活塞（质量为 0.302 kg）重力作用，改变了其平衡状态，测得体积收缩。谭罗荣[23]和 Wakim 等[24]的试验也曾观察到类似的现象。

6.4　泥岩的循环胀缩特性

6.4.1　胀缩变形随循环次数的变化规律

图 6-13 所示为泥岩胀缩变形随循环次数的变化过程，岩样端面与层理面呈 0° 夹角。由图 6-13 可知：①在湿干循环作用下，各循环泥岩的胀缩曲线形态相近，在浸水初期膨胀变形较快，然后逐渐变缓并趋于稳定，在随后的烘干作用下膨胀率降低；②无论是浸水过程的稳定膨胀率还是烘干后的膨胀率均随循环次数的增加而增大；③各湿干循环末泥岩的膨胀率均大于循环前，即泥岩的膨胀变形并不

是完全可逆的。

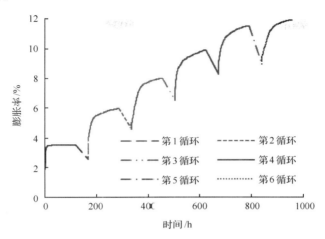

图 6-13　泥岩的循环胀缩过程

为了进一步说明问题，分别定义绝对膨胀率 δ_a、相对膨胀率 δ_r 和相对收缩率 η_r 为

$$\delta_a = \frac{h_s - h_0}{h_0} \times 100\% \tag{6-3}$$

$$\delta_r = \frac{h_s - h_i}{h_i} \times 100\% \tag{6-4}$$

$$\eta_r = \frac{h_s - h_d}{h_d} \times 100\% \tag{6-5}$$

式中，h_0 为岩样初始高度；h_s 为岩样膨胀稳定时的高度；h_i 为岩样某次胀缩循环前的高度；h_d 为岩样某次胀缩循环结束时的高度。表 6-9 所示为岩样在各次湿干循环过程中上述 3 个变量的计算结果，图 6-14 所示为绝对膨胀率 δ_a、相对膨胀率 δ_r 和相对收缩率 η_r 随湿干循环次数的变化曲线。

表 6-9　试样在循环胀缩试验中的胀缩率

循环次数	绝对膨胀率 δ_a/%	相对膨胀率 δ_r/%	相对收缩率 η_r/%
1	3.56	3.56	2.53
2	6.00	3.33	1.83
3	8.02	3.29	1.43
4	9.89	3.10	1.35
5	11.51	2.98	1.37
6	11.94	2.73	—

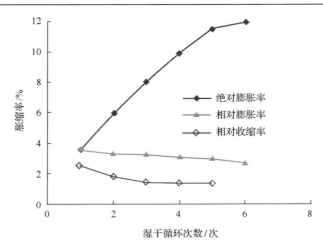

图 6-14　岩样膨胀率随循环次数的变化

由表 6-9 和图 6-14 可知：①试样的绝对膨胀率随循环次数的增加而逐渐增加，增长速率由第 2 循环时的 68.5% 逐渐减小到第 6 循环的 3.7%，即绝对膨胀率不会随着干湿循环次数的增加而无限制的增加，而是逐渐趋向于某一数值。②试样的相对膨胀率和相对收缩率均在第 1 次循环中达到最大值，分别为 3.56% 和 2.53%，随循环次数的增加而逐渐减少，亦说明泥岩的胀缩变形不是完全可逆的。

6.4.2　泥岩循环胀缩特性的形成机理

泥岩的胀缩是结合水溶剂膜楔入作用和所含膨胀性黏土矿物特别是蒙脱石的差异膨胀共同作用的结果。上述共同作用与组成泥岩的矿物颗粒成分、大小、排列方式，水溶液成分和外部环境等有关。对泥岩的循环胀缩试验来说，矿物颗粒成分、水溶液成分和外部环境是不变的。因此，只有颗粒大小及其排列是决定循环胀缩特性的主要因素。

图 6-15 所示为初始和经历两个干湿循环作用后岩样的 SEM 图像。初始岩样中含有大量的黏土矿物，局部可见卷曲片状蒙脱石，细小的片状黏土矿物颗粒相互间以面-面或边-面接触构成较大的集聚体。集聚体呈定向排列，孔隙以粒间孔和集聚体间孔为主，其尺寸范围大多为零点几至数微米，见图 6-15(a)。经历两个干湿循环后岩样，已见不到卷曲状的蒙脱石颗粒，片状黏土矿物颗粒膨胀相互挤压团聚，排列方式发生改变，孔裂隙以团聚体间孔隙为主，孔径数微米，局部可见由黏土矿物遇水膨胀，失水收缩后形成的分层裂隙，见图 6-15(b)。

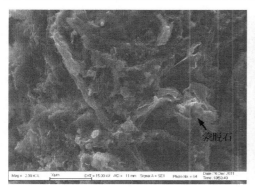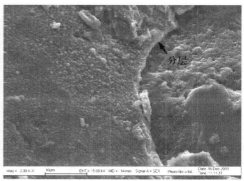

(a) 原始岩样　　　　　　　　　　　　　　　(b) 经历两个湿干循环后岩样

图 6-15　岩样的 SEM 图像

　　对应于湿胀过程，干缩过程中水分子通过微孔裂隙散失，在膨胀时所蓄势能的作用下，泥岩所含黏土矿物颗粒集聚体和排列方式发生改变，颗粒的定向性变差，孔隙率增大，渗透性增强，矿物颗粒间的结构联结减弱，体积在一定程度上出现收缩，产生部分不可逆变形。随着循环次数的增多，试样中裂隙越容易发育，强度降低。泥岩的胀缩裂隙主要是在干缩过程中产生，每一次干湿循环，岩样块体内均会发生一定数量微裂隙的萌生扩展，从而产生一定的能量消耗，导致不可逆变形的增加，即绝对膨胀率随循环次数的增加而增大，由第 1 循环的 3.56%增加到第 6 循环的 11.94%。随着循环次数的持续增加，岩样块体尺寸变小。但由于小块体内部缺陷较少，强度较大，新裂隙萌生扩展所需要的能量和时间增加，绝对膨胀率的增加速率降低，相对膨胀率和相对收缩率减小，并趋于稳定。

6.5　关于泥岩胀缩性的讨论

　　(1) 对于岩土工程而言，泥岩膨胀给工程带来的变形破坏尤为严重，除了理解膨胀率外，工程更为关心的是膨胀力的大小。一般而言，膨胀率与膨胀力呈正相关，即膨胀率大的岩样，膨胀力也大，膨胀率的变化规律与膨胀力十分相似[25]。因此，可以通过膨胀率的大小定性地估计不同水环境下的岩样膨胀力的大小。不同溶液中岩样膨胀力存在如下规律：1mol/L AlCl$_3$ ＜ 1mol/L CaCl$_2$ ＜ 1mol/L NaCl ＜ 0.33mol/L AlCl$_3$ ＜ 0.5mol/L CaCl$_2$。

　　(2) 泥岩膨胀过程具有明显的时间效应，实际工程中可以将岩石遇水膨胀问题转化为岩石的流变问题，从力的平衡角度着手，针对不同的工程实践采用不同处理方法。如乌鞘岭深埋长隧道采用钢压、让压、疏水与加固、支护相结合的方法[26]；沈阳清水煤矿第三系软围岩煤层回采巷道采用恒阻让压互补支护的方法[27]；

山东石集煤矿–350m 水平三采区轨道下山采用"喷–锚喷–锚网喷"的方法[28]等。也可以从改善软岩自身力学和物理化学性质角度着手,通过物理化学[29]或电化学[30]的方法对膨胀性软岩进行原位改性加固处理。

(3) 对于周围水环境周期性变化的泥质岩工程,如建设在干旱半干旱地区的岩土工程、水库工程的库岸边坡岩体、泥岩钻孔井壁稳定等,最有效的处置办法是阻断工程岩体水分迁移的通道,阻止或减缓岩体的有害胀缩变形,进而实现工程的长期稳定性。

参 考 文 献

[1] 周翠英, 邓毅梅, 谭祥韶, 等. 饱水软岩力学性质软化的试验研究与应用. 岩石力学与工程学报, 2005, 24(1): 33-38.

[2] 陈钢林, 周仁德. 水对受力岩石变形破坏宏观力学效应的试验研究. 地球物理学报, 1991, 34(3): 335-342.

[3] Erguler Z A, Ulusay R. Water-induced variations in mechanical properties of clay-bearing rocks. International Journal of Rock Mechanics and Mining Sciences, 2009, 46(2): 355-370.

[4] 何满潮, 周莉, 李德健, 等. 深井泥岩吸水特性试验研究. 岩石力学与工程学报, 2008, 27(6): 1113-1120.

[5] 周翠英, 张乐民. 软岩与水相互作用的非线性动力学过程分析. 岩石力学与工程学报, 2005, 24(11): 4036-4041.

[6] Li N, Zhu Y M, Su B, et al. A chemical damage model of sandstone in acid solution. International Journal of Rock Mechanics and Mining Sciences, 2003, 40(2): 243-249.

[7] Feng X T, Ding W X. Experimental study of limestone micro- fracturing under a coupled stress, fluid flow and changing chemical environment. International Journal of Rock Mechanics and Mining Sciences, 2007, 44(3): 437-448.

[8] Montes H G, Duplay J, Martinez L, et al. Structural modifications of Callovo-Oxfordian argillite under hydration/dehydration conditions. Apply Clay Science, 2004, 25(3/4): 187-194.

[9] Gorkum A G, Martin C D. The mechanical behaviour of weak mudstone(Opalinus clay) at low stresses. International Journal of Rock Mechanics and Mining Sciences, 2007, 44(2): 196-209.

[10] Ganesh D, Tetsuro Y, Masaji K, et al. Slake durability and mineralogical properties of some pyroclastic and sedimentary rocks. Engineering Geology, 2002, 65(1): 31-45.

[11] Wong R C K, Wang E Z. Three-dimensional anisotropic swelling model for clay shale-A fabric approach. International Journal of Rock Mechanics and Mining Sciences, 1997, 34(2): 187-198.

[12] Pejon O J, Zuquette L V. Effects of strain on the swelling pressure of mudrocks. International Journal of Rock Mechanics and Mining Sciences, 2006, 43(5): 817-825.

[13] Doostmohammadi R, Moosavi M, Araabi B N. A model for determining the cyclic swell-shrink behavior of argillaceous rock. Apply Clay Science, 2008, 42(1/2): 81-89.

[14] Pejon O J, Zuquette L V. Analysis of cyclic swelling of mudrocks. Engineering Geology, 2002, 67(1/2): 97-108.

[15] 谭罗荣. 片状颗粒定向排列研究中的若干问题. 水文地质工程地质, 1985, (4): 41-44.

[16] 谭罗荣. 黏性土微观结构定向性的 X 射线衍射研究. 科学通报, 1981, 26(4): 236-239.

[17] 贾景超. 膨胀土膨胀机制及细观膨胀模型研究(博士学位论文). 大连: 大连理工大学, 2010.

[18] Barden L. The influence of structure on deformation and failure in clay. Geotechnique, 1972, 22(1): 159-163.

[19] Avsar E, Ulusay R, Sonmez H. Assessments of swelling anistropy of Ankara clay. Engineering Geology, 2009, 105(1/2): 24-31.

[20] Mitchell J K. Fundamentals of soil behavior. New York: John wiley and Sons, 1976.

[21] 万亚, 宫保安, 李岱青. 离子交换蒙脱石脱水过程研究. 化学研究与应用, 1996, 8(1): 52-57.

[22] 谭罗荣. 蒙脱土晶格胀缩对其体积变化的影响. 水文地质与工程地质, 1981, (6): 5-7.

[23] 谭罗荣. 蒙脱石晶体膨胀和收缩机理研究. 岩土力学, 1997, 18(3): 13-18.

[24] Wakim J, Hadj-hassen F, De Windt L. Effect of aqueous solution chemistry on the swelling and shrinkage of the Tournemire shale. International Journal of Rock Mechanics and Mining Sciences, 2009, 46(8): 1378-1382.

[25] 谭罗荣, 孔令伟. 特殊岩土工程地质学. 北京: 科学出版社, 2006: 173-177.

[26] 陶波, 伍法权, 郭啟良, 等. 高地应力环境下乌鞘岭深埋长隧道软弱围岩流变规律实测与数值分析研究. 岩石力学与工程学报, 2006, 25(9): 1828-1834.

[27] 张国锋, 于世波, 李国峰, 等. 巨厚煤层三软回采巷道恒阻让压互补支护研究. 岩石力学与工程学报, 2011, 30(8): 1619-1626.

[28] 李海燕, 李术才. 膨胀性软岩巷道支护技术研究及应用. 煤炭学报, 2009, 34(3): 325-328.

[29] 柴肇云, 武小玲, 康天合, 等. 一种膨胀性软岩土的原位改性加固方法: 中国, ZL201010534045.9, 2011.

[30] Wang D, Kang T H, Han WM, et al. Electrochemical modification of tensile strength and pore structure in mudstone. International Journal of Rock Mechanics and Mining Sciences, 2011, 48(4): 687-692.

第7章　泥岩的电化学改性

泥岩的电化学改性是通过向插入泥岩体的电极施加一个低压直流电场或低电势梯度实现的。在电场作用下，泥岩内可交换阳离子、微小带电颗粒和极性水分子定向迁移，引起泥岩孔裂隙流体化学性质、矿物双电层、基质结构和孔裂隙结构的不可逆改变，进而导致泥岩的力学及工程特性发生改变。

7.1　改性前后泥岩的零电荷点与电荷密度

泥岩所带电荷可分为永久电荷和可变电荷。永久电荷由组成泥岩的矿物晶体结构中正、负电荷不平衡而产生，只要矿物的晶体结构不被破坏，永久电荷就不会发生变化，其电荷数量和电荷密度取决于矿物晶格中高价阳离子被低价阳离子替代的多少和矿物颗粒的大小，与溶液的 pH 值无关。可变电荷是由于矿物颗粒界面的离子吸附、解离或取代等的作用而产生，电荷的数量和外界条件关系较大，其电荷数量随溶液 pH 值的变化而改变。相应的零电荷点(zero point of charge, ZPC)分为零可变电荷点(zero point of variable charge, ZPVC)和零净电荷点(zero point of net charge, ZPNC)，其中 ZPVC 为可变电荷密度为 0 时的 pH 值(pH_{ZPVC})，ZPNC 为净电荷密度为 0 时的 pH 值(pH_{ZPNC})。准确测定矿物颗粒的 ZPC 的常用方法是电位滴定(PT)法。

7.1.1　电位滴定(PT)法

将泥岩样品烘干、粉碎、研磨，过 300 目分样筛后，加蒸馏水浸泡(固体含量约 20%)，充分水化后，稀释制成岩样颗粒能靠重力自由沉降的悬浮液。为防止过多电解质和有机物污染导致岩样颗粒沉降，弃去上清液后加蒸馏水和浓 H_2O_2 静置 24h，加热使 H_2O_2 充分分解。用高速搅拌器搅拌悬浮液 20min，静置，沉降稳定后用虹吸的方法取出悬浮液的上层，除去试管底部较粗大的颗粒。反复操作，直至制成均匀的岩样悬浮液。取一定量的岩样悬浮液，分别用 0.1mol/L 和 0.01mol/L 的 NaCl 混合配成 1g/L 岩样悬浮液，室温(25±0.5)℃条件下磁力搅拌 24h 后，用电位滴定仪进行 HCl 滴定。滴定管系数为 100，滴定管体积为 10mL，HCl 的标定值为 0.1134mol/L，每次准确加入一定体积的 HCl 溶液，待电位值在 5min 内变化不超过 1mV，认为滴定平衡。

7.1.2　电位滴定法测定零电势点的理论探讨

对带永久电荷和可变电荷的泥岩矿物颗粒，其净电荷密度 σ_T[1]为

$$\sigma_T = \sigma_P + \sigma_V \tag{7-1}$$

式中，σ_P 为永久电荷密度；σ_V 为可变电荷密度，是滴定前泥岩矿物颗粒所带的可变电荷 σ_{V0} 和滴定过程中吸附 OH 或 H$^+$ 所带电荷之和，即

$$\sigma_V = \sigma_{V0} + F(\Gamma_H - \Gamma_{OH})/S \tag{7-2}$$

式中，F 为法拉第常数；Γ_H 为滴定过程中 H$^+$ 的吸附量；Γ_{OH} 为滴定过程中 OH$^-$ 的吸附量；S 为泥岩矿物颗粒的表面积。一般认为，$\sigma_{V0} = 0$。

由于组成泥岩的黏土矿物颗粒为片状或链状硅酸盐矿物，在此设泥岩矿物颗粒为片状颗粒，根据 Couy-Chapman 双电层模型，σ_T 与颗粒表面电势 Ψ_0 的关系为

$$\sigma_T = (8c\varepsilon N_A kT)^{1/2} \sin h(ze\Psi_0/2kT) \tag{7-3}$$

式中，c 为电解质溶液浓度；ε 为电解质溶液的介电常数；N_A 为阿伏伽德罗常数；k 为玻尔兹曼常数；T 为热力学温度；e 为单位电荷；z 为离子化合价；h 为双电层厚度。

H$^+$ 与泥岩颗粒表面羟基（Sur – OH）的反应可用下式表示

$$Sur - OH - H^+ \longrightarrow Sur - OH_2^+ \tag{7-4a}$$

$$Sur - OH \longrightarrow Sur - O^- + H^+ \tag{7-4b}$$

反应平衡时，H$^+$ 在泥岩颗粒表面和本体溶液中的电化学势应相等，即

$$ze\Psi_0 + \mu_H^S = \mu_H^0 + kT \ln a_H \tag{7-5}$$

式中，μ_H^S 为 H$^+$ 在颗粒相界面上的化学势；μ_H^0 为 H$^+$ 在本体溶液中的标准化学势；a_H 为 H$^+$ 在本体溶液中的活度。恒温恒压条件下，μ_H^S 和 μ_H^0 为常数。

由式(7-5)得

$$\Psi_0 = (\mu_H^0 - \mu_H^S)/ze + (kT/ze)\ln a_H \tag{7-6}$$

令 $\Psi_0 = 0$ 时，$a_H = a_H^0$，$pH = pH_0$，则，式(7-6)可写成

$$\Psi_0 = (kT / ze)\ln\left(a_H / a_H^0\right) \tag{7-7a}$$

$$或 \Psi_0 = (2.30kT / ze)(pH_0 - pH) \tag{7-7b}$$

将式(7-7b)代入式(7-3)得

$$\sigma_T = (8c\varepsilon N_A kT)^{1/2} \sin h\left[1.15(pH_0 - pH)\right] \tag{7-8}$$

由式(7-8)可知，$pH = pH_0$ 时，$\sigma_T = 0$，即 pH_0 为 ZPNC 时的 pH，用 pH_{ZPNC} 表示，则式(7-8)可写为

$$\sigma_T = (8c\varepsilon N_A kT)^{1/2} \sin h\left[1.15(pH_{ZPNC} - pH)\right] \tag{7-9}$$

式(7-9)表明，ZPNC(即 $pH = pH_{ZPNC}$)时，$\sigma_T = 0$，所以 σ_T 与 c 无关，又因为 σ_P 与 c 无关，所以 σ_V 也与 c 无关。以 σ_V 或 $\Gamma_H - \Gamma_{OH}$ 对 pH 作图所得的 PT 曲线中，c 不同的线应交于一点，该点即为 ZPNC，对应的 pH 为 pH_{ZPNC}。

ZPNC 时，由式(7-1)可知，$\sigma_P = -\sigma_V$。所以在 PT 曲线的交点，σ_V 不总为零，而与 σ_P 的数值相等，所以交点对应的 pH 不是 ZPVC，由对应的 $\Gamma_H - \Gamma_{OH}$ 值可得出 σ_P。

ZPVC($\sigma_V = 0$)时，由式(7-1)和式(7-9)可得

$$\sigma_T = (8c\varepsilon N_A kT)^{1/2} \sin h\left[1.15(pH_{ZPNC} - pH_{ZPVC})\right] \tag{7-10a}$$

或

$$pH_{ZPVC} = pH_{ZPNC} - 0.87 \operatorname{arcsinh}\left[\sigma_P 8c\varepsilon N_A kT\right]^{1/2} \tag{7-10b}$$

因而，由 PT 试验测出 pH_{ZPNC} 和 σ_P 后，可由式(7-10b)得出 pH_{ZPVC}。但由式(7-10b)可知，pH_{ZPVC} 与 c 有关，这是由存在永久电荷引起的。若 $\sigma_P = 0$，则 $pH_{ZPVC} = pH_{ZPNC}$，pH_{ZPVC} 也与 c 无关，此时 PT 法测定的 ZPC 才是 pH_{ZPVC}。

7.1.3　零电势点的测定结果与分析

图 7-1 所示为洼里煤矿泥质页岩(基本岩样描述见 6.1.1 节)的 PT 曲线。可以看出，岩样滴定过程中 H^+ 吸附量 Γ_H 为 1.47mmol/g，零净电荷点 pH_{ZPNC} 为 5.62，由下式[2]：

$$\sigma_P = -F\Gamma_H / S \tag{7-11}$$

式中，F 为法拉第常数；S 为岩样的比表面积。可得岩样的永久电荷密度 σ_P 为 $-3.81C/m^2$，即岩样每平方米表面携带 3.81C 的负电荷。

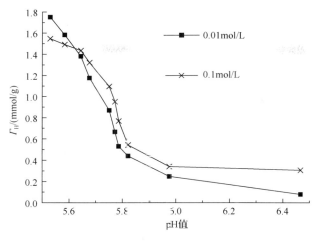

图 7-1　洼里泥质页岩的 PT 曲线

图 7-2 和图 7-3 所示分别为电化学改性(电极阳极为铝电极,阴极为铜电极,$CaCl_2$ 溶液浓度 1mol/L,电位梯度 0.5V/cm、1V/cm,作用时间 120h)后阳极和阴极区域岩样的 PT 曲线。表 7-1 所示为电化学改性前后岩样滴定过程中 H^+ 的吸附量 Γ_H、零净电荷点 pH_{ZPNC} 和永久电荷密度 σ_P 的测定结果。由表 7-1 可知,电位梯度 0.5V/cm 和 1V/cm 改性后阳极区域岩样滴定过程中 H^+ 的吸附量 Γ_H 分别为 0.18mmol/g 和 0.1/mmol/g,阴极区域岩样滴定过程中 H^+ 的吸附量 Γ_H 分别为 0.48 mmol/g 和 0.45mmol/g;电位梯度 0.5V/cm 和 1V/cm 改性后阳极区域的零净电荷点 pH_{ZPNC} 分别为 1.73 和 1.93,阴极区域的零净电荷点 pH_{ZPNC} 分别为 7.74 和 8.87。电位梯度 0.5V/cm 和 1V/cm 改性后阳极区域岩样永久电荷密度 σ_P 分别为 $-0.21C/m^2$ 和 $-0.23C/m^2$;阴极区域岩样永久电荷密度 σ_P 分别为 $-0.46C/m^2$ 和 $-0.87C/m^2$。

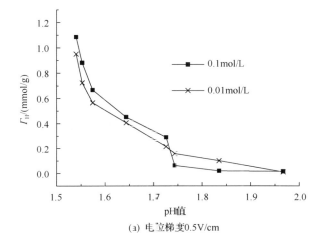

(a) 电位梯度0.5V/cm

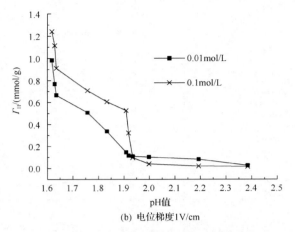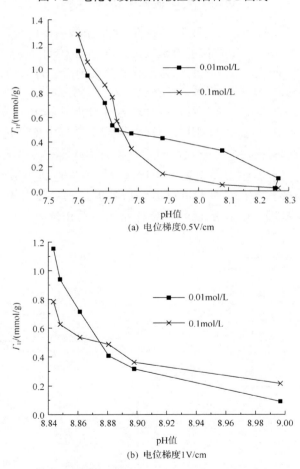

图 7-2　电化学改性后阳极区域岩样 PT 曲线

(a) 电位梯度0.5V/cm

(b) 电位梯度1V/cm

图 7-3　电化学改性后阴极区域岩样 PT 曲线

表 7-1　电化学改性前后岩样 Γ_{H} 、pH_{ZPNC} 和 σ_{P} 的测定结果

测定参数	未改性	电化学改性			
		电立梯度 0.5V/cm		电位梯度 1V/cm	
		阳极	阴极	阳极	阴极
Γ_{H} /(mmol/g)	1.47	0.18	0.48	0.10	0.45
pH_{ZPNC}	5.62	1.73	7.74	1.93	8.87
σ_{P} / (C/m²)	−3.81	−0.21	−0.46	−0.23	−0.87

从表 7-1 中还可以看出，电化学改性后阴、阳极区域岩样的永久电荷密度 σ_{P} 均小于改性前，即改性后岩样的表面电性减弱，矿物颗粒的吸附性能降低。阳极区域的零净电荷点 pH_{ZPNC} 小于改性前，而阴极区域的零净电荷点 pH_{ZPNC} 大于改性前，这与电化学作用后岩样阴极、阳极区域酸碱性发生变化有关，阳极呈酸性，阴极呈碱性。

7.2　改性前后泥岩的 ζ 电位和等电点

改性前后岩样 ζ 电位的测量使用岩粉悬浮液采用电泳方法进行测试，测试方法及过程见 3.2.4 节。图 7-4 所示为洼旦煤矿泥质页岩改性（电极阳极为铝电极，阴极为铜电极，CaCl₂ 溶液浓度 1mol/L，电位梯度 0.5V/cm、1V/cm，作用时间 120h）后岩样 ζ 电位曲线。从中可以看出，改性后岩样阳极区域呈酸性，pH 值 2.4，在强酸性条件下，岩样 ζ 电位为正值，颗粒带正电，不存在等电点；岩样阴极区域呈碱性，pH 值 10.1，电位梯度 0.5V/cm 和 1V/cm 时的 ζ 电位分别为−22.5mV 和−20.5mV，等电点均为 5.8。和未改性岩样（ζ 电位−38.1mV，等电点均为 6.5）相比，ζ 电位升高，等电点降低。

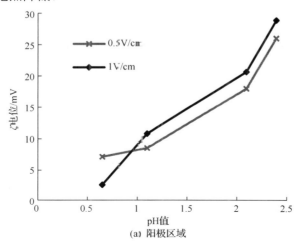

(a) 阳极区域

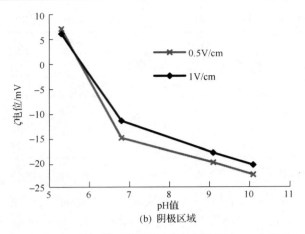

图 7-4　洼里泥质页岩电化学改性后岩样 ζ 电位曲线

　　泥岩能够胀缩的根本原因是其所含黏土矿物具有分散、膨胀和收缩等特性。引起黏土矿物分散、膨胀和收缩的因素很多，除与黏土矿物自身的矿物成分和结构有关外，还与颗粒表面的阳离子类型、分散介质性质等有关。即与颗粒表面的双电层有关，换言之，与岩样 ζ 电位大小密切相关。依据苏长明等[3]的研究成果，当黏土矿物的 ζ 电位小于–60mV 时，黏土矿物极端分散；当黏土矿物的 ζ 电位小于–40mV 时，黏土矿物较强分散；当黏土矿物的 ζ 电位小于–20mV 时，黏土矿物可能分散；当黏土矿物的 ζ 电位小于–10mV 时，黏土矿物不分散。可见，电化学改性后岩样的分散性显著降低，即胀缩性减弱，有利于泥岩工程的稳定性控制。

7.3　改性前后泥岩颗粒沉降与体积膨胀性

7.3.1　试验岩样与方法

1. 岩样制备

　　将洼里煤矿井下现场取回的泥质页岩块体岩样粉碎、研磨，过孔径为 0.5mm 的分样筛。将筛下岩样拌匀后，在 100℃下烘干，冷却至室温。量取 10mL 为一份，取 11 份，共 110mL。

2. 试验装置

　　试验装置由量筒、电极、岩样、溶液和直流电源、电流表及导线等组成，其中电极阳极位于量筒的下部，阴极位于量筒的上部。电极为片状电极，阴极是厚度为 0.5mm 的紫铜片电极，阳极是厚度为 2mm 的铝片电极。溶液为蒸馏水和不同浓度的 NaCl 溶液。电源为 DH1722A–4 型的单路稳压稳流电源。电源的最大输出电压为 250V，最大输出电流为 1.2A。导线为 ASTVR1×0.35 丝包绝缘线。
在试验过程中用万用表量测岩样电压，用 pH 试纸测试两电极附近区域的 pH 值，
用 Model sk–8700 型红外温度计量测温度。

3. 试验方案

为了得到电场、溶液浓度和电位梯度等对泥岩颗粒物的沉降与体积膨胀性的
影响规律，共设计了 11 个试验方案，见表 7-2。方案 1 和方案 2 主要研究岩样颗
粒在加电和不加电蒸馏水中的沉降速度与沉降稳定后的体积膨胀性。方案 3 至方
案 6 主要研究 NaCl 溶液浓度对岩样颗粒沉降速度的影响及加电对沉降稳定后体
积膨胀性的影响。方案 7 至方案 11 主要研究电位梯度对岩样颗粒在不同浓度 NaCl
溶液中沉降稳定后的体积膨胀性的影响。

表 7-2　泥岩颗粒沉降与体积膨胀试验方案

方案编号	溶液	加电时机	电位梯度/(V/cm)
1	蒸馏水	—	—
2	蒸馏水	静置 12 h，沉降稳定前加电	0.5
3	0.2% NaCl	静置 24 h，沉降稳定加电	0.5
4	0.4% NaCl	静置 24 h，沉降稳定加电	0.5
5	0.6% NaCl	静置 24 h，沉降稳定加电	0.5
6	0.8% NaCl	静置 24 h，沉降稳定加电	0.5
7	蒸馏水	静置 24 h，沉降稳定加电	0.5，1.2，5
8	0.2% NaCl	静置 24 h，沉降稳定加电	0.5，1.2，5
9	0.4% NaCl	静置 24 h，沉降稳定加电	0.5，1.2，5
10	0.6% NaCl	静置 24 h，沉降稳定加电	0.5，1.2，5
11	0.8% NaCl	静置 24 h，沉降稳定加电	0.5，1.2，5

4. 试验过程

按照表 7-2 所示的试验方案，在 11 个准备好的量筒内各注入 30mL 不同浓度
的溶液，再倒入 10mL 的岩样颗粒，搅拌悬浮液至均匀，用相应的溶液冲洗玻璃
棒和量筒壁至悬浮液达到 50mL。在悬浮液静置、沉降和澄清的过程中，按不同
方案所设计的时间与电位梯度加电，每 2h 测量一次上部澄清液与下部悬浮液的界
面高度，当两次读数不变时，认为岩样颗粒沉降稳定，并同时测量电流和温度。试
验结束时，用 pH 试纸测量阴极和阳极区域的 pH 值。

7.3.2　试验现象及其机理解释

试验中阳极和阴极区域，在电场作用下溶液发生电解反应，产生气体；电极发生电极反应，阳极铝电极发生氧化反应被腐蚀，体积逐渐减小；阴极紫铜电极发生还原反应，体积不变。

1. 电解反应

用蒸馏水作溶液时，蒸馏水在电极处电解，阳极发生氧化反应，生成氧气；阴极发生还原反应，生成氢气，反应方程如下：

$$阳极区域 \quad 2H_2O - 2e^- \longrightarrow O_2 \uparrow + 4H^+ \tag{7-12}$$

$$阴极区域 \quad 2H_2O + 2e^- \longrightarrow H_2 \uparrow + 2OH^- \tag{7-13}$$

用 NaCl 溶液作溶液时，电解过程分两步进行 NaCl 溶液中的 Cl$^-$离子电解，阳极发生氧化反应，生成氯气；阴极发生还原反应，生成氢气，反应方程如下：

$$阳极区域 \quad 2Cl^- - 2e^- \longrightarrow Cl_2 \uparrow \tag{7-14}$$

$$阴极区域 \quad 2H^+ + 2e^- \longrightarrow H_2 \uparrow \tag{7-15}$$

当溶液中的 Cl$^-$离子发生氧化反应完全生成氯气后，剩余溶液按式(7-12)和式(7-13)进行反应。

电解使得泥岩颗粒的酸碱度发生了变化，阳极附近区域的 pH 值降低，呈酸性；阴极附近区域的 pH 值增加，呈碱性。pH 值对泥岩颗粒电荷数量和结构性质的变化都有很大的影响[4]，阳极的酸性向阴极移动，阴极的碱性向阳极移动。由于 H$^+$离子的电迁移率大于 OH$^-$离子的电迁移率，而且电渗流的对流效应也朝阴极方向移动，所以酸性比碱性移动得快，这样使得试验岩样从阳极到阴极进一步发生酸化。在 H$^+$离子和 OH$^-$离子中和区域产生大的 pH 梯度，H$^+$离子和 OH$^-$离子发生中和反应生成水，使得软岩脱水发生固结，即

$$H^+ + OH^- \longrightarrow H_2O \tag{7-16}$$

图 7-5 所示为试验方案 2～方案 6 在试验结束时岩样阳极和阴极区域的 pH 值。阴极区域的 pH 值为 12.5～13.5，阳极区域的 pH 值为 2.5～3.5，而在电场作用前澄清溶液的 pH 值为 6.5～7.5。

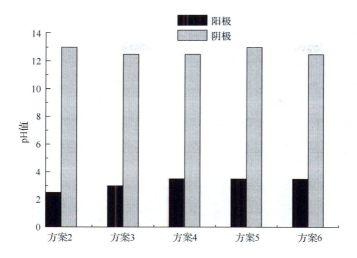

图 7-5　岩样阳极和阴极区域的 pH 值

2. 电极反应

在试验过程中，阳极的电极反应为金属氧化反应，金属氧化反应使得阳极铝电极被腐蚀。其反应方程为

$$Al - 3e^- \rightarrow Al^{3+} \tag{7-17}$$

阴极的电极反应是还原反应，反应方程见式(7-15)。阴极为铜电极，反应的生成物留在电极表面，形成盐、氧化物或氢氧化物，具体生成物取决于溶液的 pH 值。在碱性溶液中，生成物为 CuO 和 Cu(OH)$_2$[4]。

7.3.3　蒸馏水中电化学作用对泥岩颗粒沉降与膨胀性的影响

将 10mL 干岩样颗粒倒入装有 30mL 蒸馏水的量筒中，再添加蒸馏水至 50mL，将其静置，并观察澄清液与悬浮液界面的下降过程。将澄清液与悬浮液界面以下的体积看作岩样颗粒在沉降过程中的体积。根据式(7-18)，可以得到岩样颗粒的体积膨胀率 F_S：

$$F_S = \frac{V_{wet} - V_0}{V_0} \times 100\% \tag{7-18}$$

式中，V_{wet} 为界面沉降稳定后的颗粒物体积，mL；V_0 为干岩样颗粒的初始体积，即 10mL。

图 7-6 所示为 10mL 干岩样颗粒在不加电(方案 1)与加电(方案 2)蒸馏水中的沉降过程及沉降稳定后的体积曲线。方案 1 整个浸泡过程不加电,前 17h,悬浮液的体积由 50mL 沉降到 49mL,沉降 1mL,沉降速度为 0.0588mL/h。从 17h 开始,沉降加速,到 27h,沉降趋于稳定。沉降加速阶段的沉降速度为 2.94mL/h,沉降量为 29.4mL,沉降稳定后的体积为 20.3mL,岩样颗粒的体积膨胀率为 103%。方案 2 岩样颗粒在蒸馏水中浸泡 12h 后开始加电位梯度为 0.5V/cm 的电场,加电后岩样颗粒的沉降速度急剧增大,体积急剧变小,到 14h 时,体积减小速度减缓,到 18h 时,体积变化趋于稳定。同样,颗粒物沉降稳定后的体积为 20.3mL,体积膨胀率为 103%。

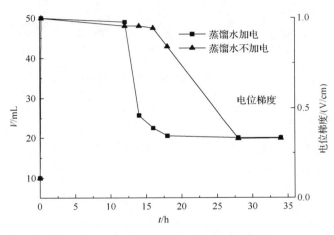

图 7-6 蒸馏水中岩样颗粒的沉降曲线

从上述试验结果可以得出:①在不加电的蒸馏水中,干岩样颗粒的沉降经历缓慢润湿、加速沉降和体积稳定等 3 个阶段。这是由于在蒸馏水中,泥岩颗粒所带的电量不变,ζ 电位不变,起初泥岩矿物颗粒的吸附层不发生变化,只是在润湿的过程中质量缓慢增加,发生缓慢的沉降。泥岩矿物颗粒得到润湿后,在重力作用下发生加速沉降,直至稳定。②在蒸馏水中加电位梯度为 0.5V/cm 的电场,能够显著提高岩体颗粒物的沉降速度,缩短沉降趋于稳定的时间。图 7-7 所示为浸泡 20h 时在加电与不加电蒸馏水中岩样颗粒沉降体积的对比。但是,在蒸馏水悬浮液中加电,并不能改变岩样颗粒沉降稳定后的体积膨胀率。在蒸馏水中加电后,由于电泳的作用,带负电的矿物颗粒朝电极阳极方向移动,加快了岩样颗粒的沉降,使得加电 6h 后岩样的体积趋于稳定。

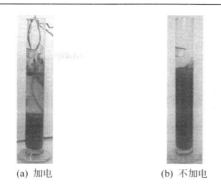

(a) 加电　　　　　　　　　(b) 不加电

图 7-7　20h 时岩样沉降体积

7.3.4　溶液浓度对泥岩颗粒沉降与膨胀性的影响

　　图 7-8 所示为 10mL 干岩样颗粒分别在浓度为 0.2%（方案 3）、0.4%（方案 4）、0.6%（方案 5）和 0.8%（方案 6）的 NaCl 溶液中的沉降与沉降稳定后岩样颗粒体积随时间的变化曲线。其中，图 7-8(a) 是全过程曲线，图 7-8(b) 是图 7-8(a) 中 MNOP 的局部放大。随着 NaCl 溶液浓度的增加，岩样颗粒的沉降速度加快，即悬浮液的体积减小速度加快。岩样颗粒在不同浓度的 NaCl 溶液中浸泡 12h 后，岩样的体积变化趋于稳定。其溶液浓度不同，体积稳定为 17.6～18.7mL，明显小于在蒸馏水中沉降稳定后的体积 20.3mL。在 14h 开始加电 0.5V/cm，岩样的体积又开始明显减小，加电 2h，即试验开始 16h 后，岩样体积的变化又趋于稳定，直到 120h 稳定为 15.3～16.7mL，明显小于在蒸馏水中电场作用后的稳定体积 20.3mL。表 7-3 所示为方案 2 至方案 6 试验进行到 36h（加电 22h）时得到的不同浓度 NaCl 溶液中岩样颗粒在加电前后体积膨胀的试验结果。

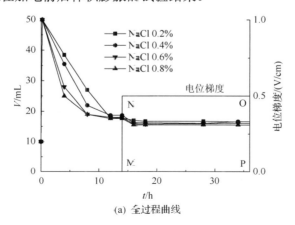

(a) 全过程曲线

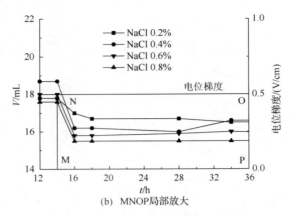

（b）MNOP局部放大

图 7-8　岩样体积膨胀率随溶液浓度的变化

表 7-3　不同浓度 NaCl 溶液中岩样颗粒物在加电前后体积膨胀的试验结果

方案编号	初始体积/mL	加电前体积/mL	加电后体积/mL	加电前体积膨胀率/%	加电后体积膨胀率/%
2	10	20.3	20.3	103	103
3	10	18.7	16.7	87	67
4	10	18.0	16.4	80	64
5	10	17.8	15.7	78	57
6	10	17.6	15.3	76	53

　　根据表 7-3 的结果，得到加电前后岩样颗粒体积膨胀率随 NaCl 溶液浓度 c 的变化曲线，见图 7-9。其拟合方程：

$$加电前　F_S = 28.38\exp(-4.55c) + 75.61 \tag{7-19}$$

$$加电后　F_S = 50.27\exp(-6.45c) + 53.55 \tag{7-20}$$

相关系数 R^2 分别为 0.988 和 0.942。

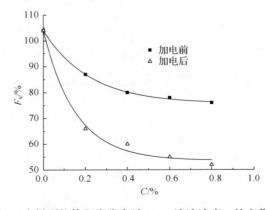

图 7-9　岩样颗粒体积膨胀率随 NaCl 溶液浓度 c 的变化曲线

　　由上述结果可以得出：①随 NaCl 溶液浓度的增大，岩样颗粒的沉降速度加快，并且沉降稳定后的体积膨胀率减小。这是由于 NaCl 溶液中的 Na⁺离子会把泥岩所含黏土矿物颗粒扩散层中的正离子排斥到吸附层，从而减小了黏土矿物颗粒的带电量，ζ 电位降低，发生絮凝现象，悬浮液中的矿物颗粒聚沉。在絮凝和重力的共同作用下，岩样颗粒的沉降速度加快，并且稳定后的体积减小。在试验范围内，NaCl 溶液的浓度越高，这一作用效果越明显。②在电位梯度为 0.5V/cm 的电场作用下，岩样颗粒沉降稳定后的体积膨胀率 F_s 随 NaCl 溶液浓度 c 的增大呈负指数规律衰减，这是 NaCl 溶液浓度改变渗透性膨胀和渗透压力的作用结果。把岩样放入溶液中，岩样所含黏土矿物晶层间的阳离子浓度大于溶液中的阳离子浓度时，水分子在渗透压力作用下会进入黏土矿物的晶层间，产生渗透性膨胀和由渗透性膨胀所导致的渗透压力。渗透压力的表达式[5]为

$$p = RT(A_1 c_1 N_1 - A_2 c_2 N_2) \tag{7-21}$$

式中，p 为渗透压力；R 为常数；T 为热力学温度；A_1、A_2 为溶液的渗透系数；c_1、c_2 为溶液的浓度；N_1、N_2 为每摩尔溶质的离子数目；下标 1 为黏土矿物晶层水的相关参数；下标 2 为溶液的相关参数。溶液浓度和每摩尔电解质中的离子数目越多，渗透压力越小，渗透性膨胀也就越弱，即盐类溶液可以抑制岩样的膨胀性，溶液浓度越高，抑制岩样膨胀的能力越强，所以在蒸馏水中岩样的膨胀率大于 NaCl 溶液中岩样的膨胀率；低浓度 NaCl 溶液中岩样的膨胀率大于高浓度 NaCl 溶液中岩样的膨胀率，这一点已得到泥岩膨胀性试验的证实[6~8]。

7.3.5　加电时机对泥岩颗粒沉降与膨胀性的影响

　　图 7-10 所示为不同加电时机时岩样体积随时间的变化曲线。从图 7-10(a)可以看出，在岩样体积没有达到稳定的情况下，即岩样体积读数一直在变化，在这一时机加直流电场能够影响岩样的膨胀性。岩样初始体积 10mL，加入溶液，静置澄清后，在初始电压为 0，电位梯度为 0.5V/cm 的直流电场作用下，两岩样的体积均减小，0.2% NaCl 溶液中岩样体积降低 2.1mL，0.6% NaCl 溶液中岩样体积降低 2.7mL。电场作用 42h 后，岩样体积稳定，即体积读数不再变化。电位梯度提高到 1.2V/cm，两岩样体积均不发生变化。电场作用 45h 后，电位梯度再提高到 5V/cm，两岩样体积仍旧不发生变化。从图 7-10(b)可以看出，在岩样体积达到稳定的情况下，即岩样体积读数不再变化，在这一时机加直流电场对岩样的膨胀性影响并不大，在 99h 时，对岩样加直流电场，即使作用电场为 5V/cm 的高电位梯度，也不会影响岩样的膨胀性。

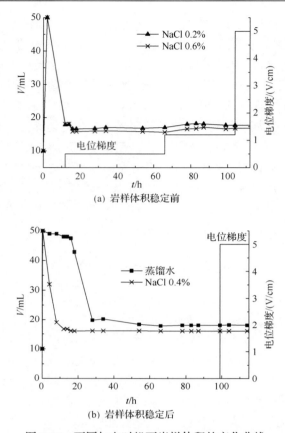

(a) 岩样体积稳定前

(b) 岩样体积稳定后

图 7-10　不同加电时机下岩样体积的变化曲线

　　通过研究加电时机对岩样颗粒沉降与膨胀性的影响表明：影响岩样膨胀性的因素除了溶液浓度和电位梯度外，选择适当的加电时机也是很重要的因素，岩样体积稳定前，外加直流电场能降低其膨胀性；岩样体积稳定后，再外加直流电场对其膨胀性的影响很小。

7.3.6　电位梯度对泥岩颗粒沉降与膨胀性的影响

　　图 7-11 所示为 10mL 干岩样颗粒分别在蒸馏水中(方案 7)、浓度为 0.2%(方案 8)、0.4%(方案 9)、0.6%(方案 10)和 0.8%(方案 11)的 NaCl 溶液中的沉降及其沉降稳定后在不同时机加电位梯度分别为 0.5V/cm、1.2V/cm 和 5V/cm 的电场对体积变化的影响曲线。将岩样加入溶液中，搅匀后静置、澄清，12h 后不同浓度溶液中的岩样体积稳定在 17.6~21.4mL。16h 时加电位梯度为 0.5V/cm 的电场，加电后短时间内 NaCl 溶液中的各岩样体积均有明显的减小，但很快趋于稳定。在电位梯度为 0.5V/cm 的电场作用 50h(试验进行 62h)后，不同浓度溶液中的岩样

体积稳定为 15.1～21.4mL。当试验进行到 66h 时，将电位梯度提高到 1.2V/cm。在 1.2V/cm 的电场作用的 38h 中，各岩样的体积均没有发生变化。当试验进行到 104h 时，将电位梯度提高到 5V/cm，在 5V/cm 的电场作用的 16h 内，各岩样的体积也没有发生变化。上述试验结果说明，电位梯度为 0.5V/cm 的弱电场能够为加速黏土矿物颗粒物的沉降和抑制其沉降稳定后的体积膨胀的动电现象提供足够的电势差。在电位梯度为 0.5V/cm 的弱电场作用后，再提高电位梯度，对改变岩样沉降稳定后的体积膨胀性没有明显影响。

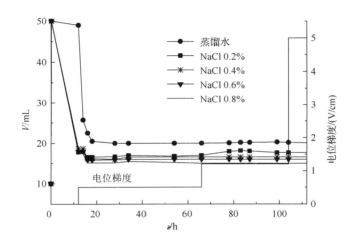

图 7-11　电位梯度对岩样体积膨胀性的影响

7.3.7　电化学作用过程中岩样电流强度和温度的变化

图 7-12 所示为在电位梯度 0.5V/cm 的电场作用下，10mL 干岩样颗粒分别在蒸馏水中(方案 2)、在浓度为 0.2%(方案 3)、0.4%(方案 4)、0.6%(方案 5)和 0.8%(方案 6)的 NaCl 溶液中的电流强度 I 随溶液作用时间 t 的变化曲线。从图 7-12 可以看出，在同一作用时间内，随着溶液浓度的增加，电流强度增强。在蒸馏水、0.2%、0.4%、0.6%和 0.8%的 NaCl 溶液中的初始电流强度分别为 9.0mA、48.5mA、56.9mA、65.2mA 和 94.4mA。随着作用时间的延长，各溶液中的电流强度呈负指数规律衰减，在电场作用 35h 后，各溶液中的电流强度趋于稳定，稳定值分别为 1.3mA、2.4mA、5.3mA、6.8mA 和 6.8nA。

试验岩样含有 40%的黏土矿物，黏土矿物属于半导体，导电机制取决于电场强度。在弱电场中是离子导电，在强电场中是电子导电[9]。在岩样的电化学系统中同时发生电极反应和电解反应。在蒸馏水用作溶液的情况下，电流的主要载体是电极反应生成的 Al^{3+} 离子、电解反应生成的 H^+ 离子和黏土矿物晶格取代所产生

的 Mg^{2+} 离子和 Fe^{2+} 离子等阳离子。在 NaCl 溶液用作溶液的情况下，电流的主要载体不仅包括上述阳离子，而且 Na^+ 离子进入岩样的黏土矿物中，成为电流的主要载体。溶液浓度越大，Na^+ 离子数量越多，电流强度也就越大。随着反应过程的进行，溶液中的相关离子数量逐渐减少，导致电流强度呈负指数规律衰减。因此，在电化学过程中，在相同的电位梯度下，岩样的电流强度随着溶液浓度的增加而增加，随着电解过程的进行而降低。

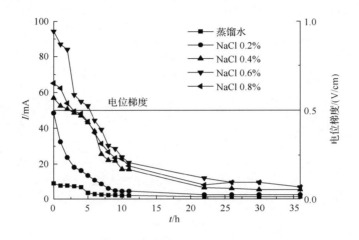

图 7-12　电流强度随溶液作用时间的变化

在电化学系统作用过程中，岩样和溶液中的温度随电流强度的变化而变化。当外加直流电场为 0.5V/cm 的弱电场时，系统温度增加很小。当外加电场增大到 5V/cm 时，电流强度增大，在一定的作用间内，产生欧姆热效应，导致系统温度升高。在试验过程中，最高温度可达 57～78℃。随着电化学作用过程的进行，电流强度逐渐降低，温度也逐渐降低。反应趋于稳定后，温度逐渐降低到室温。

7.4　改性前后泥岩矿物成分含量与晶体结构

为了得到不同溶液浓度电化学作用下洼里泥质页岩矿物含量和晶层结构的变化规律，设计 9 个试验方案(表 7-4)。方案 1 着重研究岩样蒸馏水浸泡后矿物含量和晶层结构的变化规律，方案 2 至方案 9 研究电位梯度 0.5V/cm，不同浓度 $CaCl_2$ 溶液，电化学作用下岩样矿物含量和晶层结构的变化规律。在取样位置一档中，R_A 代表阳极区域，R_M 代表中间区域，R_C 代表阴极区域。

表 7-4　电化学改变泥岩矿物含量与晶层结构试验方案

方案编号	CaCl$_2$ 溶液/(mol/L)	电立梯度/(V/cm)	作用时间/h	取样位置
1	0	—	120	任意
2	0	0.5	120	R$_A$, R$_M$, R$_C$
3	0.05	0.5	120	R$_A$, R$_M$, R$_C$
4	0.125	0.5	120	R$_A$, R$_M$, R$_C$
5	0.25	0.5	120	R$_A$, R$_M$, R$_C$
6	0.5	0.5	120	R$_A$, R$_M$, R$_C$
7	1	0.5	120	R$_A$, R$_M$, R$_C$
8	2	0.5	120	R$_A$, R$_M$, R$_C$
9	4	0.5	120	R$_A$, R$_M$, R$_C$

7.4.1　溶液浓度变化对泥岩矿物成分含量的影响

图 7-13 所示为电位梯度 0.5V/cm 不同浓度 CaCl$_2$ 溶液电化学作用下岩样矿物成分含量 Q 的变化曲线。从图 7-13(a)可以看出，当 CaCl$_2$ 溶液浓度为 0 时，岩粉阳极、中间和阴极区域蒙脱石含量分别为 28.20%、33.26%和 17.51%。随着 CaCl$_2$ 溶液浓度的增加，在岩粉各区域蒙脱石的含量变化均较大。当 CaCl$_2$ 溶液浓度为 1mol/L 时，阳极、中间和阴极区域蒙脱石含量分别为 12.57%、17.34%和 9.17%。此后 CaCl$_2$ 溶液浓度的增加对各区域蒙脱石含量的变化影响较小，当 CaCl$_2$ 溶液浓度为 2mol/L 时，阳极、中间和阴极区域蒙脱石含量分别为 11.87%、17.05%和 9.61%，并且此时中间区域的 CaCl$_2$ 溶液已不能完全参与反应，六水氯化钙含量为 14.58%；当 CaCl$_2$ 溶液浓度为 4mol/L 时，阳极、中间和阴极区域蒙脱石含量分别为 10.87%、13.56%和 9.33%，各区域的 CaCl$_2$ 溶液均不能完全参与反应，此时，阳极、阴极和中间区域的六水氯化钙含量分别为 31%、22.18%和 13.97%。

从图 7-13(b)可以看出，在电位梯度为 0.5V/cm 的直流电场和不同浓度 CaCl$_2$ 溶液作用下，在阳极区域，高岭石的含量变化不大，取值范围为 3.97%～5.69%。在中间区域，溶液为蒸馏水时，高岭石的含量为 14%；溶液为 CaCl$_2$ 时，高岭石含量的取值范围为 4.07%～7.38%。在阴极区域，溶液为蒸馏水时，高岭石的含量为 7.59%；随着 CaCl$_2$ 溶液浓度的增加，高岭石的含量逐渐减少，当 CaCl$_2$ 溶液浓度大于 1mol/L 时，高岭石含量为 0。

从图 7-13(c)可以看出，在电位梯度为 0.5V/cm 的直流电场和不同浓度 CaCl$_2$ 溶液作用下，在岩粉阳极、中间和阴极区域，石英含量变化较大，中间区域的含量最大，阳极区域的含量次之，阴极区域的含量最小。

从图 7-13(d)可以看出，在电位梯度为 0.5V/cm 的直流电场和不同浓度 CaCl$_2$ 溶液作用下，阴极区域的钠长石含量最大，阳极区域的含量次之，中级区域的含量最小。

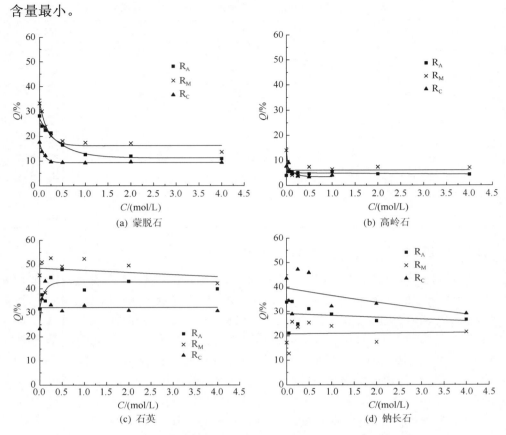

图 7-13　矿物成分含量 Q 随 $CaCl_2$ 溶液浓度 C 的变化曲线

当 $CaCl_2$ 溶液浓度大于 2mol/L 时，电化学作用停止 48h 后，在岩样的阳极和阴极区域析出大量的结晶物，如图 7-14 所示。

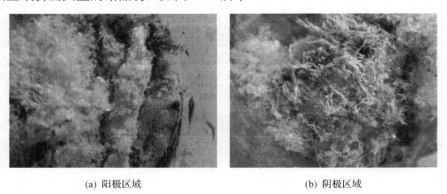

(a) 阳极区域　　　　　　　　　　(b) 阴极区域

图 7-14　岩样阴极、阳极区域析出结晶物

7.4.2 溶液浓度变化对泥岩新生矿物及其含量的影响

图 7-15 所示为电位梯度 0.5V/cm 不同浓度 $CaCl_2$ 溶液电化学作用下岩样新生矿物及其含量。在岩样的阳极区域，新生矿物为水铝英石，在所有溶液浓度条件下均生成水铝英石且其含量小于 13.72%。在岩粉的阴极区域，新生矿物为方解石和三水铝石，在 $CaCl_2$ 溶液浓度小于 1mol/L 时，出现方解石且其含量小于 8.03%；在 $CaCl_2$ 溶液浓度大于 0.125mol/L 时，出现三水铝石，当 $CaCl_2$ 溶液浓度为 2mol/L 时其含量最大，为 33.45%。在岩粉的中间区域，新生矿物为水铝英石和方解石，在 $CaCl_2$ 溶液浓度为 2mol/L 和 4mol/L 时，水铝英石含量分别为 12.85% 和 11.71%；在 $CaCl_2$ 溶液浓度为 0.125mol/L 时，方解石含量为 3.25%。

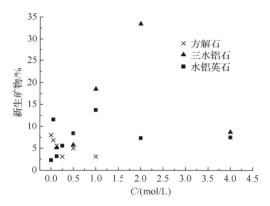

图 7-15　新生矿物及其含量随 $CaCl_2$ 溶液浓度的变化

7.4.3 溶液浓度变化对泥岩矿物晶层间距的影响

图 7-16 所示为电位梯度 0.5V/cm 不同浓度 $CaCl_2$ 溶液电化学作用下不同区域岩样矿物层间距 d_{001} 的变化曲线。矿物的晶层间距均是由衍射峰最强基面 (001) 反射的层间距 d_{001} 值所确定，理想状态下，蒙脱石的层间距为 1.40nm，高岭石的层间距为 0.72nm，石英的层间距为 0.33nm，钠长石的层间距为 0.32nm。和其他黏土矿物不同的是蒙脱石 d_{001} 不是固定的值，取值范围为 1.2~1.6nm[10]，从图 7-16 (a) 可以看出，在电位梯度为 0.5V/cm 的直流电场作用下，随着 $CaCl_2$ 溶液浓度的增加，岩粉阳极、中间和阴极区域蒙脱石的层间距均增大，阳极区域蒙脱石层间距增加量最大，最大值为 1.58nm；中间区域蒙脱石层间距增加量次之，最大值为 1.54nm；阴极区域蒙脱石层间距增加量最小，最大值为 1.52nm。从图 7-16 (b) 可以看出，在岩粉阳极、中间和阴极区域高岭石的层间距基本不发生变化，变化范围为 0.71~0.73nm，其中在阴极区域，由于当溶液浓度大于 1mol/L 时不存在高

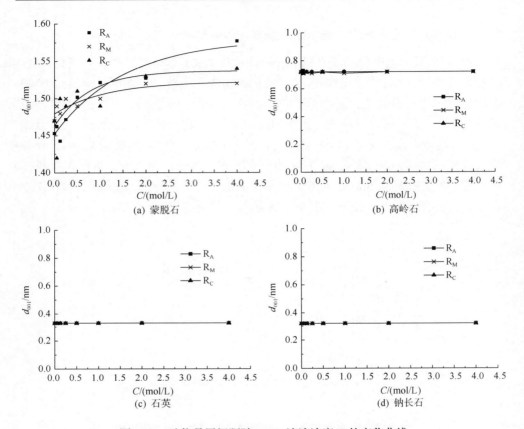

图 7-16　矿物晶层间距随 $CaCl_2$ 溶液浓度 C 的变化曲线

岭石，也即不存在高岭石层间距。从图 7-16(c) 和图 7-16(d) 可以看出，在各个区域石英的层间距恒为 0.33nm，钠长石的层间距恒为 0.32nm，电化学作用不能使二者的值发生变化。

7.4.4　溶液浓度变化对泥岩矿物晶粒大小的影响

　　矿物的平均晶粒大小(L)是指矿物衍射峰最强基面(001)衍射晶层的平均厚度。图 7-17 所示为岩粉各区域矿物的平均晶粒大小随 $CaCl_2$ 溶液浓度的变化曲线。从图 7-17(a) 可以看出，在电位梯度为 0.5V/cm 的直流电场作用下，随着 $CaCl_2$ 电解液浓度的增加，岩粉各区域蒙脱石的平均晶粒均增大，即蒙脱石(001)基面的晶层平均厚度均增加，阳极和中间区域蒙脱石的平均晶粒增加较小，最大值分别为 14nm 和 14.5nm；阴极区域蒙脱石的平均晶粒增加较大，当 $CaCl_2$ 电解液浓度为 0.25mol/L 时，平均晶粒最大为 26.7nm。

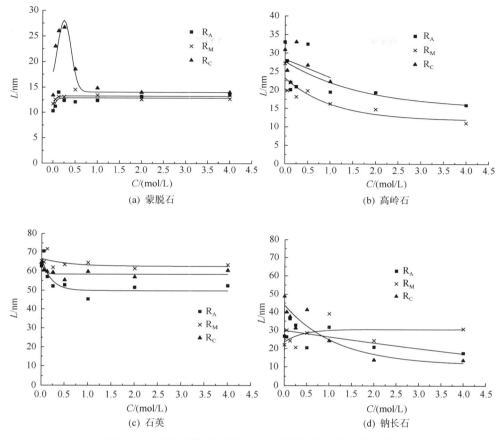

图 7-17　矿物晶粒大小随 $CaCl_2$ 溶液浓度 C 的变化曲线

从图 7-17 (b) 可以看出，随着 $CaCl_2$ 电解液浓度的增加，岩粉各区域高岭石的平均晶粒均减小，中间区域高岭石的平均晶粒小于阳极区域的平均晶粒；在 $CaCl_2$ 电解液浓度小于 1mol/L 时，三个区域相比，阴极区域的平均晶粒最大，最大值为 33nm。

从图 7-17 (c) 可以看出，随着 $CaCl_2$ 电解液浓度的增加，岩粉各区域石英的平均晶粒均减小，阳极区域石英的平均晶粒减小幅度最大，阴极区域次之，中间区域最小。

从图 7-17 (d) 可以看出，当 $CaCl_2$ 电解液浓度小于 0.5mol/L 时，各区域石英的平均晶粒顺序为阴极区域、阳极区域和中间区域；当 $CaCl_2$ 电解液浓度大于 0.5mol/L 时，各区域石英的平均晶粒顺序为中间区域、阳极区域和阴极区域。

7.5　改性前后泥岩孔裂隙与强度

7.5.1　试验岩样与方法

1. 试验岩样

试验所用岩样采自山西潞安矿区余吾煤业 3 号煤底板，为古生代二叠系山西组砂质泥岩，属陆相湖泊沉积。图 7-18 给出岩样的 X 射线衍射图谱，所含矿物成分有石英、高岭石、钠云母和沸石。将现场取回的大块岩样在实验室加工成 φ 50mm×100mm 的试件，为保证试件加工精度控制在允许误差范围（相邻面垂直，偏差不超过 0.25°；相对面平行，不平行度不大于 0.05mm）内，将试件在双端面磨石机上磨平，试验时随机抽取试件进行试验。

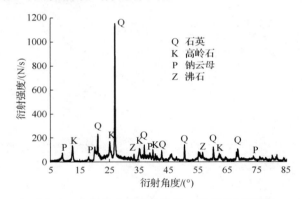

图 7-18　余吾砂质泥岩岩样 X 射线衍射图谱

2. 试验装置

试验装置示意图见图 7-19。装置由直流电源、电流表、导线、样品室、溶液槽、蠕动泵、软管等组成。样品室由内径 50mm、壁厚 5mm 圆管、圆形多孔板、活塞、电极组成。圆形多孔板置于圆管底部，并与圆管胶结固定。为防止注入水溶液沿活塞顶板溢流，活塞顶部削有深 5mm 的圆形凹槽。中间钻 13 个孔径为 4mm 的小孔，其中一个位于圆心位置，其余 12 个绕圆心一周均匀分布。电极（阴、阳极）均采用厚 8mm 的铁电极，其中阳极置于岩样顶部，阴极置于岩样底部。为便于观察，圆管、圆形多孔板以及活塞均采用有机玻璃材质。电源采用 DH1722A–2 型直流稳压稳流电源，输出电压 0～110V，输出电流 0～3A。导线为 A040739×0.2 绝缘线。蠕动泵型号 BT100-1J 型，转速为 0.1～10r/min，泵头的型号是 DG-1、6 滚轮双通道型，软管为壁厚 1.6mm、内径 0.8mm 的 13 号软管。

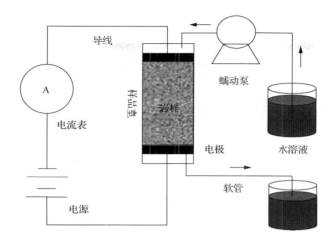

图 7-19　泥岩电化学改性试验装置示意图

3. 试验过程

试验时，首先将接有导线的电极、岩样装入样品室中，岩样顶底部各放置一块电极。为确保岩样恰好紧密套入样品室中并降低装样过程中岩样与岩样室之间的摩擦力，在岩样环向涂一薄层凡士林。然后将岩样顶底部电极的连接导线分别穿过活塞和圆形多孔板中间的小孔，压紧，确保相互之间接触良好，连接电源、蠕动泵。岩样为自然含水状态，水溶液分别使用纯净水和 1mol/L NaCl 溶液，每种水溶液试验 3 个岩样。试验过程中记录电流变化、岩样温度变化。4d(96h) 后断开电源，取出岩样，按照《煤和岩石物理力学性质测定方法》规定的试验标准进行单轴抗压强度测试、液氮等温吸附和扫描电镜能谱分析。

7.5.2　典型试验现象

试验过程中，水溶液为 1mol/L NaCl 时，在导线与电源正极的连接处析出大量白色局部为淡蓝色的结晶盐，进一步将导线外围绝缘层拔去，可见原本金黄色的铜丝已经变黑，如图 7-20 所示。而与电源负极连接的导线保持原状，该现象可用电泳理论加以解释。在电场作用下带负电的胶粒沿导线向阳极移动，受空间所限，最终在导线与正极接线柱的连接处积聚析出，同时暴露在潮湿环境中的铜线表面缓慢生成一层铜绿色的碱式碳酸铜，与析出物相互渗透，从而形成白色局部为淡蓝色的结晶盐。至于被绝缘层包裹的铜导线变黑则主要是铜的氧化变色引起的。

(a) 结晶盐析出　　　　　　　(b) 导线变黑

图 7-20　导线的电化学腐蚀

　　试验滤出液差异明显，如图 7-21 所示。水溶液为纯净水滤出液呈现土黄色，淀清后底部可见土黄色的微细沉淀物，这是由于阳极铁电极腐蚀，部分铁的氧化物溶入水溶液所致；水溶液为 1mol/L NaCl 时，滤出液呈灰黑色，淀清后底部可见灰黑色微细沉淀物，其量明显大于前者，对其进行 X 射线衍射分析。图 7-22 所示为 1mol/L NaCl 时沉淀物的 X 射线衍射图谱，可知其主要成分为 NaCl 和 Fe_3O_4。

(a) 纯净水　　　　　　　(b) 1mol/L NaCl

图 7-21　试验滤出液

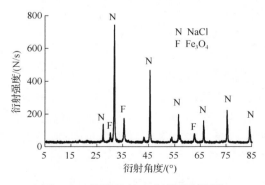

图 7-22　沉淀物的 X 射线衍射图谱

　　施加直流电场后，在电场作用下电极附近溶液发生电解反应，阳极发生氧化反应，生成氧气，试验过程中可见活塞顶部凹槽液面不时有气泡逸出；阴极发生还原反应，生成氢气，反应方程见 7.3 节电解反应。电解使得电极周围的酸碱度发生了变化，阳极附近区域的 pH 值降低，呈酸性，阳极电极在酸性条件下发生氧化反应被腐蚀；阴极附近区域 pH 值升高，呈碱性，电极保持原样不变，见图 7-23。由图 7-23 可知，溶液为 1mol/L NaCl 时，阳极电极的腐蚀程度要远高于溶液为纯净水时，这是因为 NaCl 溶液为电化学反应提供电解质加速和强化了电化学反应的进程。

(a) 纯净水(左边为阳极；右边为阴极)　　　　　(b) 1mol/L NaCl (左边为阳极；右边为阴极)

图 7-23　电极腐蚀

7.5.3　温度变化

试验时在距离岩样顶底面 1cm 和岩样中部布置温度测点，定时测量岩样的温度变化，图 7-24 所示为岩样温度变化曲线。可见：①阳极和中间区域温度明显高于阴极区域，受阳极区域注入水溶液的冷却作用影响，阳极和中间区域温度出现交替现象；②1mol/LNaCl 岩样 1 试验过程中，电流出现增大，由 0.02A 增大到 0.35A，与之相对应，岩样温度出现急速攀升，阳极区域由 36.5℃增至 75℃，中间区域由 36.2℃增至 69.2℃，阴极区域由 34.5℃增至 60.6℃。此后电流下降，稳定在 0.1A，岩样温度也随之降低，但温度总体上存在阳极区域大于中间区域大于阴极区域的趋势。Burnotte 等[11]Lefebvre 和 Burnotte[12]在进行软黏土电渗固结现场试验时也曾观察到类似的现象。

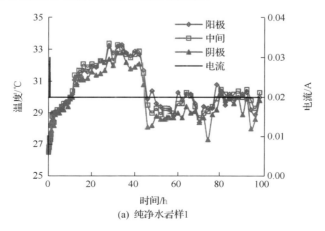

(a) 纯净水岩样1

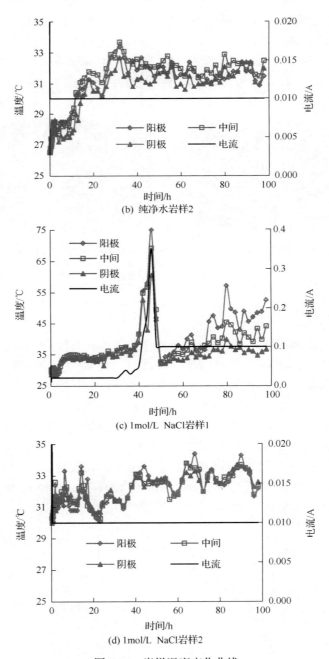

(b) 纯净水岩样2

(c) 1mol/L NaCl岩样1

(d) 1mol/L NaCl岩样2

图 7-24 岩样温度变化曲线

7.5.4　孔隙变化

表 7-5 所示为不同溶液电化学作用前后岩样平均孔径、比表面积、孔容的测定结果。图 7-25 所示为岩样孔径与比表面积的关系曲线。由表 7-5 和图 7-25 可以看出：①相比自然样，电化学作用后岩样阴阳极比表面积累积均出现不同程度的降低。其中水溶液为纯净水阳极、阴极分别降低 8.1%和 22.7%；水溶液为 1mol/L NaCl 时，阳极、阴极分别降低 27.1%和 27.6%。②电化学作用后岩样阳极比表面积累积大于阴极。水溶液为纯净水时，阳极为阴极的 1.19 倍，且平均孔径小于 40nm 时，阳极孔隙比表面积明显大于阴极；而平均孔径大于 40 nm 时，则表现为阴极大于阳极。水溶液为 1mol/L NaCl 时，阳极略大于阴极，为阴极的 1.01 倍，平均孔径小于 5nm 时，阴阳极比表面积相近；平均孔径为 5～50nm 时，阳极比表面积大于阴极；平均孔径大于 50nm 时，则为阴极大于阳极。③水溶液为纯净水时，无论阳极还是阴极，比表面积累积均大于水溶液为 1mol/L NaCl。

表 7-5　岩样孔径、比表面积和孔容测试结果

岩样状态	平均孔径/nm	比表面积累积/(m²/g)	孔容累积/(mm³/g)
自然样	13.99	14.81	39.2
纯净水阳极	14.39	13.61	35.4
纯净水阴极	49.24	11.44	66.6
NaCl 阳极	13.66	10.80	30.6
NaCl 阴极	16.47	10.72	34.9

图 7-26 所示为岩样孔径与孔容关系曲线。可以看出：①除纯净水阴极外，电化学作用后岩样阴阳极孔容累积均小于自然样。②电化学作用后岩样阴极孔容累积大于阳极。水溶液为纯净水时，阴极为阳极的 1.88 倍；水溶液为 1mol/L NaCl 时，阴极为阳极的 1.14 倍。③不同水溶液下岩样的孔容孔径关系曲线趋势一致，均为先缓后陡，水溶液为纯净水岩样阴极尤为明显，拐点出现在平均孔径 10nm 附近，即平均孔径大于 10nm 的孔隙对孔容的贡献率大。

综合图 7-25 和图 7-26，不难发现：①不同水溶液电化学作用后岩样孔隙比表面积累积阳极大于阴极，而孔容累积则是阳极小于阴极。换言之，电化学作用后岩样阳极小孔隙数量多于阴极，而大孔隙则少于阴极。上述差异可能是由电化学作用下泥岩的动电效应导致的，在电化学场耦合作用下，阳极区域的极性水分子向阴极区域迁移，形成大量微小孔隙，与此同时阴极区域孔隙液中悬浮的胶体颗粒向阳极区域移动，移动过程中不断积聚，体积增大，充填阳极区域较大孔隙。②水溶液为 1mol/L NaCl 岩样阴、阳极区域孔隙比表面积、孔容均小于水溶液为纯净水，这可能是由 NaCl 溶质的充填作用引起的。

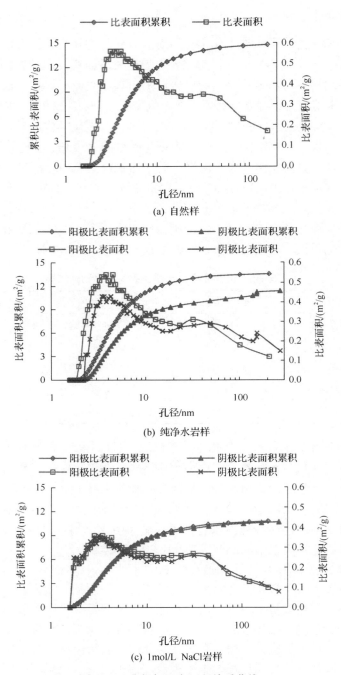

图 7-25　孔径与比表面积关系曲线

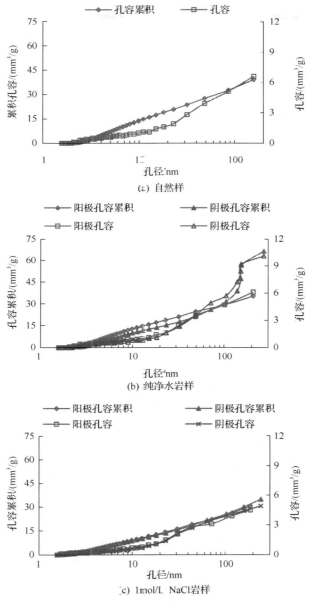

(a) 自然样

(b) 纯净水岩样

(c) 1mol/L NaCl岩样

图 7-26　孔径与孔容关系曲线

7.5.5　显微结构变化

测试在太原理工大学的 MIRA 3XMU 场发射扫描电镜上进行，测试前将岩样颗粒黏附于导电胶带并置于样品台上，黏附时将颗粒分散排列，然后喷镀金导电膜。将粘有样品的胶带置于扫描电镜样品舱内，选择不同放大倍数条件观察样品微形貌特征，并进行能谱面扫描确定元素组成。图 7-27 所示为不同水溶液电化学作用后岩样放大 20 000 倍的 SEM 照片。从中可以看出，自然样可见片状黏土矿物颗粒杂乱堆积，孔隙以片状颗粒层间孔和颗粒集聚体间孔隙为主，见[图 7-27(a)]；电化学作用后岩样阳极片状絮状黏土矿物颗粒清晰可辨，局部可见絮状钠云母集聚体[图 7-27(b)]和晶棱残缺不齐、彼此间杂乱堆积高岭石集聚体[图 7-27(d)]，黏土矿物晶层层间距依稀可见；岩样阴极悬浮胶粒受电化学作用向阳极迁移后，形成大量不规则孔隙[图 7-27(c)和(e)]，孔径不等，部分大孔隙孔径能达到数微米。

(a) 自然样　(b) 纯净水岩样阳极

(c) 纯净水岩样阴极　(d) 1mol/L NaCl岩样阳极

(e) 1mol/L NaCl岩样阴极

图 7-27　不同溶液电化学作用后岩样的 SEM 照片

图 7-28 所示为纯净水中电化学作用后岩样阳极 EDS 能谱面扫描元素分布，表 7-6 所示为岩样元素百分含量测定结果，图 7-29 所示为不同水溶液电化学作用后岩样元素百分含量分布。岩样化学元素主要有 O、C、Si、Al 四种和其他伴生微量矿物，其中 O 的百分含量最多，占比 41.9%～48.5%，其次是 C，占比 16.8%～29.6%，Si 占比 14.8%～20.8%，Al 占比 9.1%～11.2%。除 C 元素占比为岩样阳极大于阴极外，其余的均为岩样阴极大于阳极。这可能是由岩样内部可溶性硅铝酸盐溶解，形成悬浮胶粒和带电微粒，在电化学作用下发生定向移动，从而导致岩样阴极、阳极元素百分含量的相对变化引起的。

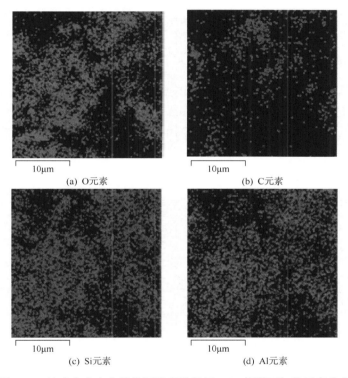

(a) O元素　　　　　(b) C元素

(c) Si元素　　　　　(d) Al元素

图 7-28　纯净水中电化学作用后岩样阳极 EDS 能谱面扫描元素分布

表 7-6　岩样元素百分含量测定结果

岩样状态	元素百分含量/%				
	O	C	Si	Al	其他
自然样	46.8	26.2	14.8	9.1	3.1
纯净水岩样阳极	41.9	29.6	16.6	10.9	1
纯净水岩样阴极	45	16.8	20.8	11.2	6.2
1mol/L NaCl 岩样阳极	41.9	26.4	15.2	9.6	6.8
1mol/L NaCl 岩样阴极	48.5	21.3	16.2	10.5	3.4

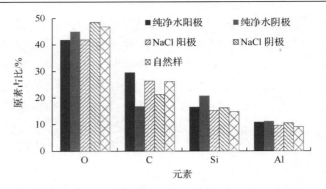

图 7-29　不同溶液电化学作用后岩样元素分布

7.5.6　单轴抗压强度变化

　　单轴压缩试验在太原理工大学的 JL-WAW60 微机控制电液伺服万能试验机上进行，采用位移控制，加载速率 0.002mm/s。图 7-30 所示为不同溶液电化学作用前后岩样单轴压缩应力-应变曲线，表 7-7 所示为岩样力学强度测试结果。可以看出：

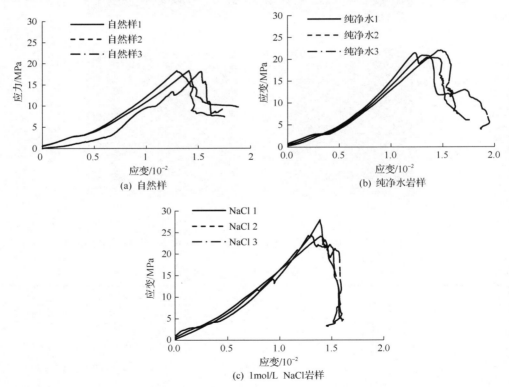

图 7-30　岩样单轴压缩应力-应变曲线

表 7-7　岩样力学强度测试结果

岩样状态	抗压强度/MPa	弹性模量/MPa	变形模量/MPa
	18.24	1715	1407
天然样	18.04	1322	1183
	18.25	1531	1293
	20.83	2093	1595
纯净水电化学作用后	21.34	2237	1746
	22.01	1967	1483
	24.35	1998	1862
1mol/L NaCl 电化学作用后	27.83	2176	2005
	24.04	1869	1722

①不同溶液电化学作用后岩样的单轴抗压强度比作用前有了显著提高。作用前岩样单轴抗压强度平均 18.18MPa；水溶液为纯净水电化学作用后平均 21.39MPa，为作用前 1.18 倍；水溶液为 1mol/L NaCl 电化学作用后平均 25.41MPa，为作用前的 1.40 倍。②压缩过程中受岩样内部缺陷开裂的影响，应力达到峰值前，部分岩样出现数次不同程度的小幅应力跌落，随后随应变增加，应力再次升高最终达到峰值应力，峰后应力分级跌落，跌落平台长度和残余应力持续时间各异。③这里约定取应力-应变曲线弹性段切线模量(取峰值强度的 40%~60%)为弹性模量 E，峰值强度与坐标原点间的割线模量为变形模量 E_d。作用前岩样弹性模量平均 1523MPa；水溶液为纯净水电化学作用后平均 2099MPa；水溶液为 1mol/L NaCl 电化学作用后平均 2014MPa。作用前岩样变形模量平均 1294MPa；水溶液为纯净水电化学作用后平均 1608MPa；水溶液为 1mol/L NaCl 电化学作用后平均 1863 MPa。可见电化学作用后，无论是单轴抗压强度还是弹性模量或变形模量均比作用前有显著的提高，有利于岩土工程的稳定性控制。

7.6　泥岩电化学改性的物理模拟

7.6.1　试验装置与试验过程

1. 试验装置

试验所用装置为自制内壁尺寸为 600mm×400mm×250mm 的有机玻璃模型箱，底板可拆卸，其上留有 20 个 ϕ10mm 的小孔，试验时小孔上布置金属电极，同时可以作为透析水的渗出通道。为增加箱体强度，在模型箱四个侧面的四边胶结加强肋板。电源采用 DH1722A-2 型的高压直流稳压稳流电源，输出电压范围为

0～110V，输出电流范围为 0～3A。

2. 模型材料

试验原型岩样为洼里煤矿泥质页岩(基本岩样描述见 6.1.1 节)。由于岩样极易风化破碎，现场取样、运输困难较大，并考虑试验装置尺寸的限制以及本试验的主要目的是探讨电化学作用下电极材质对泥岩处置效果的影响规律及其作用机理，因而采用物理模拟试验的方法进行研究。遵循相似原理[13]，以满足原型与模型的主要参数相似为前提，确保试验结果的相对可靠性。在本次试验材料选取时，以满足主要影响因素(矿物组成)相似为首要条件，其他相似条件可作适当的放松。因而选用与原型矿物组成相似的细砂、膨润土和石膏作模型材料，并参考原型岩样的自由膨胀性测试结果，确定模型材料的配比为细砂∶膨润土∶石膏=7∶1.5∶1。

3. 模型制作与试验过程

整个试验共制作 3 个模型，电极材料为国标 4 平方铜导线($\phi2.25mm$)、铝棒($\phi8mm$)和不锈钢棒($\phi8mm$)各 1 个。电极材料预先植入设定位置，同性电极间距 b=100mm，异性电极间距 L=125mm，电极与模型箱箱壁间距 S=50mm。模型一次铺设厚度 15mm，将相似材料填入，铺平，压实。为确保电极周围模型材料的密实度和均匀度，压实时使用一块背后焊有手柄的厚 20mm 且按布置电极的位置钻 $\phi10mm$ 孔的钢板，用质量 5kg 的重锤砸钢板背后的手柄，重锤的落锤高度和次数保持一致。压实完成后，移除钢板，铺设下一层，分 10 次完成。铺设完成后，按图 7-31 所示的方式连接导线，施加 6.3V 的直流电压，电位梯度约为 0.5V/cm。为避免外界温湿度等环境因素对试验的影响，在模型材料表面铺设保鲜膜。

图 7-31　模型导线连接方式(奇数列为正，偶数列为负)

7.6.2　试验现象

　　试验过程中，阴极、阳极附近区域呈现出不同的试验现象。铜电极阳极附近出现近似圆柱形分布的铜绿色区域[图 7-32(a)]，阴极附近区域表面析出少量白色絮状结晶物，但其垂直剖面上基本保持不变[图 7-32(b)]；铁电极阳极附近出现近似圆柱形分布的铁红色区域，可见数条张开度不足 1mm 的小龟裂纹[图 7-32(c)]，阴极附近区域表面出现白色絮状结晶物，垂直剖面上没有变化[图 7-32(d)]；铝电极阳极附近区域出现白色玻璃状结晶物和贯穿模型厚度的龟裂纹，白色结晶物在其垂直剖面上亦有分布，但就其范围而言，远小于铜、铁电极阳极[图 7-32(e)]，阴极附近区域表面出现白色絮状结晶物，并在垂直剖面上围绕电极形成放射状的土灰色条带状生成物，可见贯穿模型厚度的龟裂纹[图 7-32(f)]。

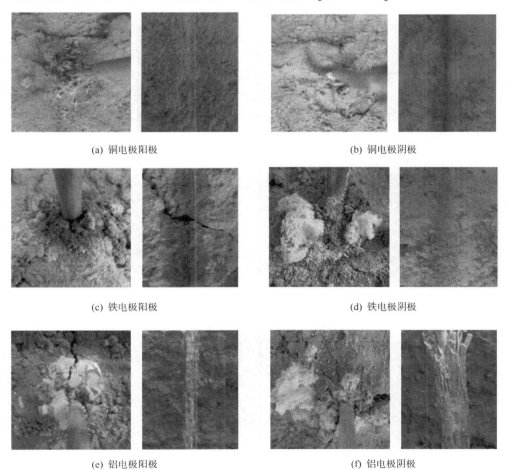

(a) 铜电极阳极　　　　　　　　　　　　　(b) 铜电极阴极

(c) 铁电极阳极　　　　　　　　　　　　　(d) 铁电极阴极

(e) 铝电极阳极　　　　　　　　　　　　　(f) 铝电极阴极

图 7-32　模型试验现象

7.6.3　电极腐蚀与新生矿物

对模型施加直流电场后，阳极区域，水分子在电极处电解，发生氧化反应，生成氧气；阴性区域，水分子发生还原反应生成氢气，反应方程式见式(7-12)和式(7-13)。

电解反应使得模型材料的酸碱性发生变化，阳极的酸性物质向阴极移动，阴极的碱性物质向阳极移动，但H^+和OH^-的迁移速度并不一致，H^+明显高于OH^-，使得除靠近阴极的小部分区域外，模型材料均被酸化[14]。在阴极区域H^+离子和OH^-离子中和反应生成水，这一点已得到了大量的实验室和现场试验的证实[11, 15~17]。

与此同时，电极阳极在酸性条件下发生金属氧化反应：

$$M - ne^- \longrightarrow M^{n+} \tag{7-22}$$

铜电极阳极被腐蚀生成铜绿色矿物，局部氧化腐蚀殆尽，断开；阴极除表面颜色变黑外，基本没有变化[图 7-33(a)]。铁电极阳极被腐蚀生成铁褐色矿物，局部可见溶蚀空洞；阴极保持原样不变[图 7-33(b)]。铝电极阳极被腐蚀生成灰白色石英状矿物，部分黏附在电极表面；阴极沿电极周围生成土灰色条带放射状矿物，质软，用手可剥离，电极仅剩中间一根细芯[图 7-33(c)]。

(a) 铜电极

(b) 铁电极

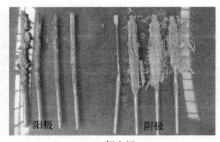

(c) 铝电极

图 7-33　电极腐蚀

对比电极的腐蚀程度，不难看出，铜、铁电极的腐蚀主要发生在阳极，且铜电极的腐蚀程度要高于铁电极。铝电极则阴、阳极均有一定程度的腐蚀，相比较而言，阴极的腐蚀程度远大于阳极。结合经济以及工程适用性的考虑，电化学改性应用于泥岩工程实践时，应仅考虑以铁质材料作为电极，这与目前工程支护中广泛采用铁质材料作为锚杆、锚索的实际情况相吻合。对模型阴、阳极区域新生矿物取样进行 X 射线衍射分析，X 射线衍射图谱见图 7-34，分析结果见表 7-8。

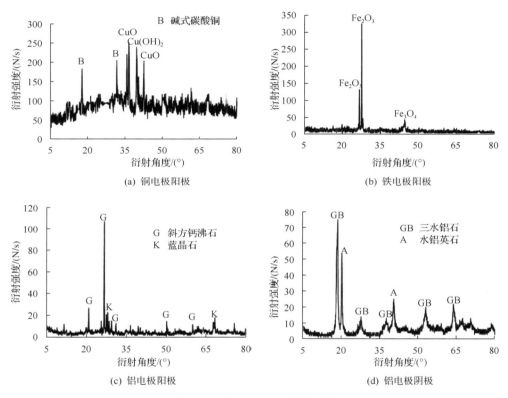

图 7-34　新生矿物 X 射线图谱

表 7-8　阴阳极区域新生矿物

极性	电极种类		
	铜	铁	铝
阳极	碱式碳酸铜、$Cu(OH)_2$、CuO	Fe_2O_3、Fe_3O_4	斜方钙沸石、蓝晶石
阴极	$Cu(OH)_2$、CuO、水铝英石*	水铝英石*	三水铝石、水铝英石

注：*为理论分析结果，水铝英石为阴极区域表面结晶生成的白色絮状物；铜电极阴极碱性环境下生成少量 $Cu(OH)_2$，$Cu(OH)_2$ 化学性质不稳定，进而分解成黑色的 CuO，附着在电极表面。

7.6.4　电流变化与电流降低率

图 7-35 所示为 3 种电极模型的电流随时间变化曲线。可以看出，铜、铁和铝电极的初始电流分别为 0.22A、0.21A 和 0.19A。在通电初期，3 种电极模型的电流均有一个骤降的过程，这是由通电后电极阳极区域发热，模型材料失水变干，开裂（图 7-32），阳极电极在酸性条件下被腐蚀，和模型材料的接触恶化，导电性能降低所致，Burnotte 等[11]对软黏土电渗固结试验研究时也曾有类似的发现。铜电极骤降后，在 0.16A 左右维持了近 80h 后再次出现下降，在试验后期降至 0.03A 左右稳定，降低率 86.4%；铁电极骤降后，在 0.11A 左右仅维持了近 40h 后再次下降，在试验后期降至 0.07A 左右稳定，降低率仅为 66.7%；而铝电极在骤降后并没有在某一个电流值左右维持稳定，而是持续降低至最终稳定值 0.03A 附近，但降低幅度明显变小，总的降低率为 84.2%。

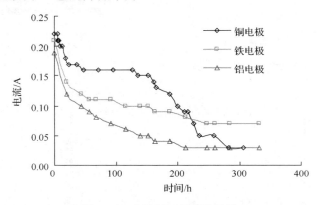

图 7-35　电流随时间变化曲线

7.6.5　电阻率变化

试验结束后，分别在模型阳极、中间和阴极区域取样，加工成 50mm×50mm×100mm 的立方体，表面打磨平整，平涂一层石墨导电粉，用铜电极夹紧，保证紧密接触，如图 7-36 所示。选用 TH2828A 型数字交流电桥测试岩样电阻率，测试所选取的电压信号为 5mV。然后采用 JL-WAW60 微机控制电液伺服万能试验机测试单轴抗压强度。

图 7-37 所示为 3 种电极模型电阻率随测试频率的变化曲线。可以看出：①随测试频率的增加，岩样电阻率逐渐降低，降幅变小，电阻率随测试频率的变化规律可以用下式进行拟合：

$$\rho_s = -A\ln(f_e) + B \tag{7-23}$$

式中，ρ_s 为模型电阻率，f_e 为测试频率，A 和 B 为拟合参数。

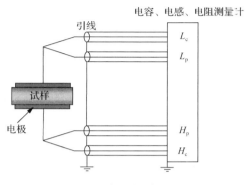

(a) 电阻率测试示意图

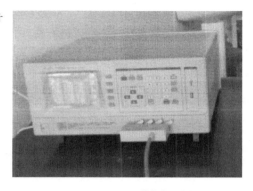

(b) TH2828A型数字交流电桥

图 7-36　电阻率测定装置

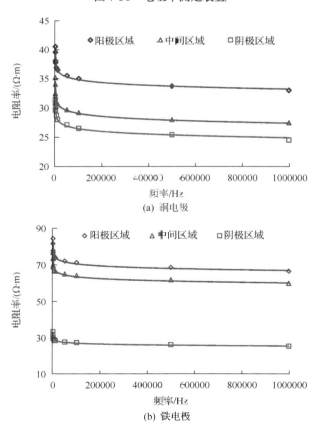

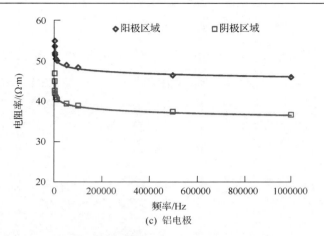

(c) 铝电极

图 7-37　模型不同区域岩样电阻率测试曲线

试验岩样的拟合参数及相关系数见表 7-9。

表 7-9　拟合参数与相关系数

电极种类	取样区域	A	B	相关系数 R^2
	阳极	0.6994	42.861	0.9901
铜电极	中间	0.7157	37.318	0.9842
	阴极	0.6711	34.189	0.9918
	阳极	1.5947	88.890	0.9728
铁电极	中间	1.4590	80.239	0.9524
	阴极	0.6937	34.991	0.9540
	阳极	0.8385	57.599	0.9856
铝电极	阴极	0.9201	49.058	0.9605

7.6.6　单轴抗压强度变化

图 7-38 所示为模型不同区域岩样全程应力应变曲线（图中"阳-1"表示岩样取自模型阳极区域，编号为 1），表 7-10 所示为模型不同区域岩样单轴抗压强度测试结果。可以看出，不论采用何种电极材料，岩样单轴抗压强度均呈现阳极区域＞中间区域＞阴极区域，其中采用铜电极时，阳极区域单轴抗压强度1.501MPa，分别为中间区域的 2.01 倍、阴极区域的 3.21 倍；铁电极阳极区域0.846MPa，为中间区域的1.33倍、阴极区域的2.51倍；铝电极阳极区域0.795MPa，为阴极区域的 1.90 倍。

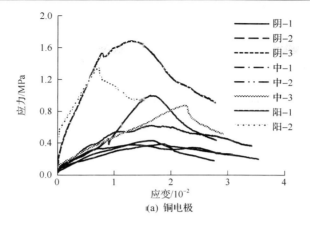

(a) 铜电极

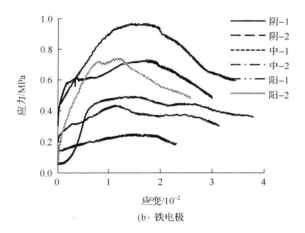

(b) 铁电极

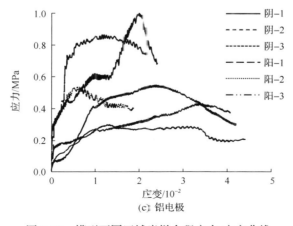

(c) 铝电极

图 7-38　模型不同区域岩样全程应力-应变曲线

表 7-10　岩样单轴抗压强度测试结果

电极种类	取样区域	单轴抗压强度/MPa			
		1 号	2 号	3 号	平均
铜电极	阳极	1.677*	1.325	—	1.501
	中间	0.989*	0.869	0.384	0.747
	阴极	0.612*	0.373	0.421	0.468
铁电极	阳极	0.737	0.955*	—	0.846
	中间	0.720*	0.553	—	0.637
	阴极	0.431*	0.243	—	0.337
铝电极	阳极	0.985	0.546*	0.854	0.795
	阴极	0.534	0.426*	0.295	0.418

*为完成电阻率测试后，进行单轴抗压强度测试。

7.6.7　泥岩电化学作用机理分析

当泥岩被施加直流电场时，由于泥岩所含黏粒周围双扩散层的存在，以及其所涉及的电子、带电微粒和极性水分子发生定向迁移，即泥岩的动电效应。泥岩的动电效应主要包括电渗、电泳和电迁移 3 种，如图 7-39 所示。岩样中孔隙液在电场作用下发生电解反应，阳极区域生成大量 H^+，pH 值降低，酸性增强，且越靠近电极，酸性越强；阴极区域生成大量 OH^-，pH 值升高，碱性增强，同样是越靠近电极，碱性越强。酸碱度的变化，一方面导致岩样的矿物成分发生变化，生成新的矿物；另一方面在异性电极间形成电位梯度和酸碱梯度，受双梯度耦合作用，岩样内部出现：①电渗，阳极区域的极性水分子向阴极区域迁移，迁移过程中不断中和，最后在阴极区域以水的形式渗出，使得岩样含水率降低。②电泳，阴极区域孔隙液中悬浮的胶体颗粒向阳极区域移动，移动过程中不断积聚，体积增大，充填阳极区域大孔隙，引发岩样的孔隙结构发生变化。相对于极性水分子而言，胶体颗粒粒径大、数量少。因此，阳极区域微细孔隙增多，比表面积增大，孔容降低，阴极区域大孔隙增多，比表面积减少，孔容升高。③电迁移，带电颗粒基质内的液态 H^+、M^{n+} 向阴极区域移动，OH^-、A^{n-} 向阳极区域移动，发生化学反应，生成新的矿物，进而改变的泥岩的强度特征。

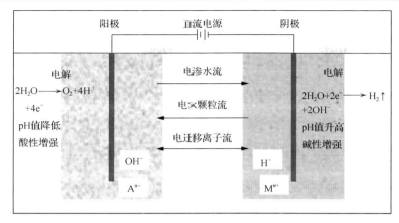

图 7-39　泥岩动电效应示意图

7.6.8　电阻率与单轴抗压强度的相关性

依图 7-37 所示电阻率测试曲线,结合张少华等[18]对电阻率和测试频率关系的研究,采用频率为 500 000 Hz 时的电阻率作为岩样电阻率进行分析。图 7-40 所示为不同电极模型岩样单轴抗压强度与电阻率的关系。可以看出:①整体而言,受测试数据样本的影响,岩样单轴抗压强度与电阻率的关系难以用某种特定的函数关系定量表达。②针对某种具体模型材料,如铜电极模型材料,单轴抗压强度随电阻率的增加而单调递增,董晓强等[19]对水泥土的强度与电阻率关系的研究也有同样的发现。这说明对同一类材料,可以通过电阻率的变化来定性判定其强度的变化。

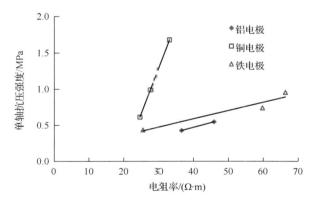

图 7-40　单轴抗压强度与电阻率的关系

7.6.9　存在问题与讨论

基于上述的试验现象与分析,不难发现:①通电后电极阳极和岩土体间的电接触迅速恶化，消耗掉大部分施加到电极上的电势能，致使有效电势过小，不足以维持岩土体的动电效应。②电化学改性之后岩样强度变化不均，即阳极区域＞中间区域＞阴极区域。

对于电极阳极和岩土体间电接触恶化现象，Lefebvre 和 Burnotte[12]提出对电极进行化学处理的办法，提高电流传输效果。实验室和现场实践结果显示，阳极化学处理之后，电极阳极可以有效地传递绝大多数电势到岩土体，岩土体的动电效应不再受电极岩土体接触处电势损耗的限制。然而，在电化学改性后期，岩土体失水收缩，剪切强度增加，一些垂直裂纹可能张开，也将影响到电势的传输，出于对这一因素的考虑，性质相近的岩土体电化学改性效果更好。

针对电化学改性后岩土体强度增加不均的实际情况，Lo 等[15]提出通电一段时间后进行电极反转，即原先的电极阳极接电源负极，电极阴极接电源正极，借此实现电化学改性后岩土体强度增加的均匀化。然而，Qu[17]等的试验结果则显示电极反转对岩土体强度变化影响甚微，却要耗费大量的处理时间。

7.7 电化学改性巷道围岩电极布置方式

综合前面研究成果可知，电化学改性岩样阴、阳极区域的电化学反应是不一样的，阴、阳极区域岩样的成分、结构、电性、强度等方面发生了不同的变化。因此，在软岩巷道的电化学改性中，电极的布置方式决定着改性区域的整体改性效果。

7.7.1 现有电极布置方式及存在问题

在软岩和软岩工程的电化学改性研究方面，已有涉及电极布置方面的发明专利[20]，在此文献中的电极布置方法有两种：一种是同一巷道横断面中所有的铁质电极与电源的正极或负极相连接，而与其相邻的横断面中的铁质电极却与电源的负极或正极相连接，即沿巷道轴线方向布置阳极电极的断面与布置阴极电极的断面间隔排列，见图 7-41（a）；另一种是同一个横断面中的铁质电极按阳极-阴极间隔排列，所有的布置电极的横断面都以这样的方式沿巷道轴线以一定的间距布置，见图 7-41（b）；当输出电流降至不能再降时，将原为正电极的阳极改变为负电极的阴极，而原为负电极的阴极变为正电极的阳极，继续通电，如此循环往复，直至围岩加固结束。

通过对软岩的电化学改性试验过程中的动电效应的理论分析及对阳极、阴极区域岩石矿物成分和孔隙结构的分析，发现上述两种电极布置方式存在明显不足：

（1）通电后岩体内各处电场的指向均与巷道轴线平行，即各处电流方向平行于巷道表面，围岩中发生的电渗、电泳等动电效应也在这样的方向上运行。在电渗排水方面，水在巷道围岩内部以平行于巷道表面流动，电极的反复转换只能导致

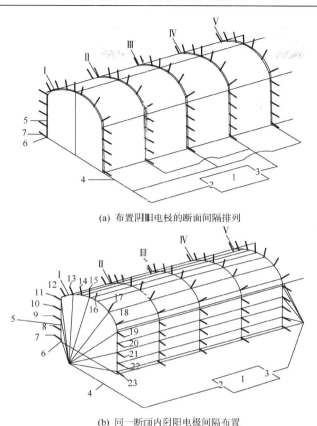

(a) 布置阴阳电极的断面间隔排列

(b) 同一断面内阴阳电极间隔布置

图 7-41 周辉等[20]的巷道围岩加固电极布置方式

1. 电源；2. 电源正极；3. 电源负极；4. 导线；5. 软岩巷道围岩；6. 接线部分；7～23. 电极；
Ⅰ、Ⅱ、Ⅲ、Ⅳ、Ⅴ. 软岩巷道的Ⅰ、Ⅱ、Ⅲ、Ⅳ、Ⅴ 断面

围岩中的水来回流动，使巷道围岩中各个阴、阳极区域的含水量不断发生变化，围岩要经历失水-吸水-再失水的循环，这种循环会弱化巷道围岩，不利于巷道围岩的稳定。在电泳方面，电极转换使软岩中矿物颗粒移动方向不断变化，矿物颗粒难以持续向某一方向移动，影响围岩改性效果。

(2)巷道围岩受力或破坏的形态通常是按破坏圈、塑性圈、弹性圈、原岩应力区四个区域显现的。即使按很小的厚度将巷道围岩划分为许多圈层来分析，每个圈层中既有阳极区域又有阴极区域，两个改性区域的含水量、孔隙度、力学强度也不一样，对软岩巷道整体的稳定性有很大的影响。

(3)在电化学改性实施过程中没有加电解液，软岩体内部微观成分与结构没有充分参与电化学反应，需要的电化学改性时间相对较长，而且改性后软岩强度的提高有限。

7.7.2 改进后的电极布置方式及合理性分析

1. 改进后的电极布置方式

针对周辉等[20]的巷道围岩加固电极布置方式存在缺陷,结合前述关于泥岩电化学改性的研究,对周辉等[20]的电极布置方式加以改进,在软岩巷道围岩深部布置阳极电极,浅部布置阴极电极,见图 7-42。电极的具体布置如下:

(1)根据巷道围岩特点及其对围岩稳定性的控制要求和现有施工技术,按一定的间距和导电性间隔沿垂直于巷道轴线的断面上打钻孔,在钻孔深部布置长度合适的棒状或片状铁质阳极电极,用导线连到孔外;在阳极端再置入一根直径大小合适的绝缘注液管,然后用绝缘材料密封钻孔,密封长度为自阳极与导线连接点到孔口距离。

(2)用适当大小的铁板作为阴极电极固定在置入阳极电极的钻孔口处,铁板中间留有能使连接阳极电极的导线和注液管穿过的孔洞,铁板与连接阳极电极的导线用绝缘材料严格隔绝,避免发生短路。

(3)用导线把所有的阳极和阴极电极分别连接起来,再分别接到直流电源上。

(4)当电流大幅下降时,根据耗能费用和工程需要等实际情况,确定加固结束时间,断开电源。通过注液管注入有机硅防渗浆液,能有效地防治在停止通电后有水再次渗入改性区对软岩的反复侵蚀和弱化。

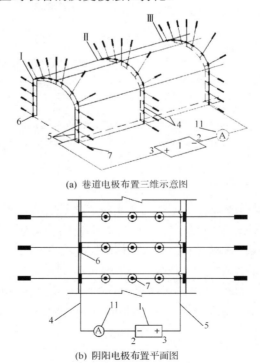

(a) 巷道电极布置三维示意图

(b) 阴阳电极布置平面图

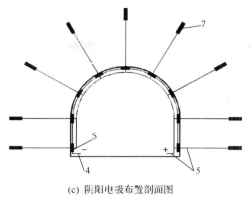

(c) 阴阳电极布置剖面图

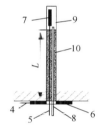

(d) 钻孔纵向剖面图

图 7-42　改进后的电极布置方式示意图

1. 直流电源；2. 电源正极；3. 电源负极；4. 连接阴极电极的导线；5. 连接阳极电极的导线；
6. 中间有能使导线和注液管穿过的有孔的圆形或土形板状铁质阴极电极；7. 棒状或片状铁质阳极电极；
8. 注液管；9. 钻孔；10. 水泥砂浆封孔材料；11. 电流表；L.封孔长度；Ⅰ、Ⅱ、Ⅲ.电极布置断面

　　电极阳极区域软岩的孔隙中只要有电解液或者水，就能发生电渗现象。布置
注液管 8 有两个作用：一是在加直流电的同时在阳极电极端注入一定浓度的电解
液，在外加直流电场的作用下，使软岩体内部微观分子结构成分能充分参与电化
学反应，其物理化学性质发生更大的改变，力学强度进一步增强；二是在对软岩
体改性完成以后，通过注液管注入有机硅浆液，使其与软岩颗粒良好地结合，有
效防止改性区外的水渗透进入改性区对软岩强度的弱化作用。

　　2. 合理性分析

　　改进后电极布置方式的合理性在于以下几个方面：

　　(1) 在电渗作用下，液相电解液中的带正电分子向巷道围岩浅部阴极方向移
动，水或电解液及时地由巷道围岩浅部阴极排出，同时有效防止改性区外的水渗
透进入改性区，从而使改性区软岩中孔隙表面亲水性降低，水化层减小，有效地
抑制了软岩的水化、膨胀、崩解和碎裂等现象。

　　(2) 由于电泳作用，软岩孔隙中带负电的矿物固相颗粒向巷道围岩深部阳极

区域移动并富集,导致巷道围岩深部阳极区域孔隙中的细组分矿物颗粒聚集变粗,使颗粒的粒度增大,充填了小孔径尺度的孔隙,使得巷道围岩深部阳极区域孔隙率降低和矿物脱水固结,力学性质提高。

(3) 电解液在浅部阴极区域富集导致了电解液渗透和充填阴极区域的程度增强,使阴极区域中更多的硅酸盐矿物和黏土矿物发生了电解反应,部分电解产物因电泳现象朝深部阳极区域方向移动,进一步促使阳极区域矿物凝结和孔隙减少,同时,使浅部阴极区域孔隙率增大。

(4) 由电解反应分解的矿物重结晶后,又增强了黏土矿物颗粒之间的连接力,从而固结了黏土矿物,使矿物的力学性质得以提高。

(5) 结合电化学改性前后泥岩矿物成分含量和晶层结构的相关研究可知,改性后,伊利石、高岭石等黏土矿物成分减少,有水铝英石、硬石膏等新生成物生成,从而在电化学改性后的区域,矿物的膨胀、崩解、碎裂情况有显著的改善。由于蒙脱石的电化学性质更加活跃,在含有蒙脱石的黏土矿物中,蒙脱石含量越大,经过电化学改性后,矿物成分变化越大,所以在含有蒙脱石的黏土矿物中电化学改性效果更加显著。

(6) 结合电化学改性前后泥岩孔隙和强度变化的相关研究可知,阴极孔隙率增大,阳极孔隙率减小。因此,采用优化的电极布置方式,巷道浅部阴极区域孔隙率增大,有利于在巷道围岩内部为应力释放提供一定的卸压空间,减少了巷道表面的变形量;巷道深部阳极区域围岩经过电化学排水、矿物颗粒积聚固结和矿物的重结晶作用后,孔隙率减小,围岩强度提高,能支撑更多的巷道围岩应力,有效抑制巷道变形。这样的改性效果符合软岩巷道控制理论中的应力控制理论。即:有针对性地将围岩中的应力释放一部分,向围岩深部转移一部分,保持了围岩稳定,使支护更加有效,有利于巷道支护和巷道管理。

参 考 文 献

[1] 李东祥, 侯万国, 韩书华, 等. 高岭土的零电荷点和电荷密度. 山东大学学报(理学版), 2003, 38(1): 86-88.

[2] 邱彬. 地层岩石的电性质研究. 济南: 山东大学, 2001.

[3] 苏长明, 付继彤, 郭保雨. 粘土矿物及钻井液电动电位变化规律研究. 钻井液与完井液, 2002, 19(6):1-5.

[4] Schifano V C. Electrical treatment of clays. United States – Illinois: University of Illinois at Urbana-Champaign, 2001.

[5] Shaw D J. 胶体与表面化学导论(第三版). 北京: 化学工业出版社, 1989.

[6] Zhao Y C, Tian H K, Guo R F. Effect of aqueous solution chemistry on the swelling of clayey rock. Applied Clay Science, 2014, 48(93/94): 12-15.

[7] 柴肇云, 郭卫卫, 康天合, 等. 水化学环境变化对泥质岩胀缩性的影响. 岩石力学与工程学报, 2013, 32(2): 281-288.

[8] Wakim J, Hadj-hassen F, De Windt L. Effect of aqueous solution chemistry on the swelling and shrinkage of the Tournemire shale. International Journal of Rock Mechanics and Mining Sciences, 2009, 46(8): 1378-1382.

[9]　Shang J Q, Lo K Y. Electrokinetic dewatering of a phosphate clay. Journal of Hazardous Materials. 1997, 55 (1-3)：117-133.

[10]　张乃娴. 粘土矿物研究方法. 北京：科学出版社，1990.

[11]　Burnotte F, Lefebvre G, Grondin G. A case record of electro-osmotic consolidation of soft clay with improved soil-electrode contact. Canadian Geotechnical Journal, 2004, 41 (6)：1038-1053.

[12]　Lefebvre G, Burnotte F. Improvements of electro-osmotic consolidation of soft clays by minimizing power loss at electrodes. Canadian Geotechnical Journal, 2002, 39 (2)：399-408.

[13]　杨俊杰. 相似理论与结构模型实验. 武汉：武汉理工大学出版社，2005.

[14]　Nasim M, Erwin O, Gary C. A review of electrokinetic treatment technique for improving the engineering characteristics of low permeable problematic soils. In J.of Geomate, 2012, 2 (2 Sl.No.4)：266-272.

[15]　Lo K Y, Ho K S, Inculet I I. Field test of electro-osmotic strengthening of soft sensitive clay. Canadian Geotechnical Journal, 1991, 28 (1)：74-83.

[16]　Chew S H, Karumaratne G P, Kuma V M, et al. A field trial for soft clay consolidation using electric vertical drains. Geotextiles and Geomembranes, 2004, 22 (1-2)：17-35.

[17]　Ou C, Chien S, Chang H. Soil improvement using electroosmosis with the injection of chemical solutions: field tests. Canadian Geotechnical Journal, 2009, 46 (6)：727-733.

[18]　张少华, 李熠, 寇晓辉, 等. 水泥固化锌污染土电阻率与强度特性研究. 岩土力学, 2015, 36 (10)：2899-2906.

[19]　董晓强, 苏楠楠, 黄新恩, 等. 污水浸泡对水泥土强度和电阻率特性影响的试验研究. 岩土力学, 2014, 35 (7)：1855-1862.

[20]　周辉, 程昌炳, 杨鑫, 等. 软岩的电化学加固方法. 中国专利, ZL200810048489.4, 2008.

第 8 章　泥(砂)岩的有机硅材料改性

　　泥岩的强风化、软化、崩解和膨胀甚至泥化特性是造成重大岩土工程灾害的主要诱因。有机硅材料具有良好的憎水性能，不仅无毒、无腐蚀作用，而且可与无机材料表面产生牢固的结合。因此，可以采用有机硅材料对泥岩进行改性，改变泥岩的亲水性、胀缩性、强度特性等，进而实现泥岩工程的长期稳定性。

8.1　有机硅材料改性软岩思路的递进演化

　　软岩改性的思路来源于软岩工程稳定性控制的工程实际，传统的软岩支护加固只是从力的平衡角度进行加固，存在较大的局限性和时限性，如对遇水膨胀的软岩，由于支护系统不能承受巨大的膨胀和碎胀应力，而锚固系统又找不到有效的着力点而支护效果不佳。

　　对泥质类软岩崩解泥化机制的研究表明[1]，软岩泥化或浸水崩解，都须经历宏观结构破坏、失水收缩和吸水膨胀 3 个过程，软岩的泥化崩解过程实际上是岩体结构不断受到宏观破坏、扰动逐步过渡到微观破坏、扰动的过程。正如天然状态下，埋藏于地下的软岩不会产生崩解泥化一样，没有宏观结构破坏和失水收缩过程，内部灌水不会造成软岩的崩解泥化。软岩巷道的掘进打破了软岩的原始平衡状态，由于受卸载、风化以及水分迁移的影响，围岩内微孔裂隙快速发育，软岩的渗透、扩散性能显著增强，为改性液在软岩孔裂隙中的渗透、扩散和流动提供了便利条件。

　　受防水薄膜的启发，笔者所在课题组于 2004 年提出通过表面包覆改性的方法阻止或延缓软岩工程性质劣化的研究思路，并以此为基础撰写国家基金"物化型软岩包覆改性的基础理论研究"并获批准(批准号 50474057)，在国家基金的资助下，进行了系统的室内试验。基于软岩物质组成、矿物结构及其失水-吸水过程的物理力学机制的研究，提出了软岩由硬质砂粒-黏土矿物叠层构成的四面体微结构单元的胀缩几何模型，建立了软岩的胀缩几何方程；基于包覆改性材料应具备性能及相近领域常用改性材料的性能特征分析，采用自由基溶液共聚和溶胶-凝胶法合成了室温固化的新型改性材料，同时基于硅烷偶联剂的优异性能选择其作改性材料，并对两种改性材料进行了性能和改性效果的试验研究；基于硅烷偶联剂改性材料与水泥和萘系减水剂相容性、结合性能的理论分析，以及不同配比条件下浆液流动性、固化强度特征的对比试验，研究硅烷偶联剂改性材料与水泥和萘系减水剂的化学结合原理、结合特性及其稳定性，并将其应用于软岩巷道支护加固的工程实践。

　　然而，表面包覆改性并没有从根本上改变软岩本身的力学和物理化学特性。山西霍州李雅庄煤矿＋435 水平软岩巷道的工程应用表明，采用注浆包覆加固只是将注浆包覆加固之前每 5～8 个月就须进行一次大的起底和扩巷返修的间隔时间延长至 2～3 年，仍不能从根本上确保软岩巷道的长期稳定性。鉴于此，笔者拓展了泥岩包覆改性的研究思路，提出采用物理化学的方法改变泥岩的物质成分和微结构，以期从根本上改变泥岩的物理力学特性，实现泥岩工程的长期稳定性(申报发明专利，已授权 ZL201010534045.9)，并以此为基础申报国家基金《有机硅材料改性泥岩的强化机理与效果研究》且获得资助(批准号：51004075)。

8.2　有机硅材料改性泥岩的物性演化规律

8.2.1　试验岩样与改性材料

　　试验岩样为洼里煤矿泥质页岩(详细岩性描述见 6.1.1 节)，改性材料选用美国道康宁公司生产的有机硅 GJ657，其主要成分为聚有机硅氧烷化合物，是一种自然渗透型石材防护剂，化学渗透结合力强，能修复岩样细小裂隙，具有透气性和优异的耐酸、碱、盐和抗紫外线能力，无毒性，可有效的隔绝水的渗透，适用于各类岩石材料的防水和表面防护处理。

8.2.2　改性前后泥岩物性变化规律

1. 表面疏水性

　　接触角能有效表征材料表面的疏水性，在接触角的诸多测量方法中比较常用的是静态水接触角法。静态水接触角量测分未改性和改性两组进行，每组五块岩样，每块岩样测两个水滴，共 10 个，取其平均值作为试验值。岩样表面为沿层理方向开裂的自然断面，静态水接触角的测量是用接触角测量仪，在室温空气环境下测得的。图 8-1 为未改性和改性后水滴在岩样表面上的照片，表 8-1 给出了岩样表面水滴接触角的测量结果。

(a) 未改性　　　　　　　　　　(b) 改性后

图 8-1　水滴在岩样表面上的照片

表 8-1　岩样表面接触角测量结果

编号	接触角/(°)		编号	接触角/(°)	
	未改性	改性		未改性	改性
1	0	119.3	6	15.8	114.1
2	12.6	114.2	7	0	113.7
3	0	111.1	8	8.5	109.5
4	17.4	113.9	9	11.9	116.5
5	9.4	107.2	10	9.5	113.9

从图 8-1 和表 8-1 中可以看出，未改性水滴沿岩样表面铺展，很快渗入岩样内部，岩样表面为亲水性，而改性岩样表面憎水性增强，水滴呈近似球形；岩样表面水滴接触角明显增大，由 8.51°增至 113.34°。充分表明改性后改性材料有效地改变了岩样的表面结构及性质，使其表面由亲水性变为憎水性。

2. 孔裂隙

试验仪器使用美国 Micromertics 公司生产的 Tristar3000 全自动物理吸附仪，采用氮气吸附。试验岩样为接触角测量所用岩样，将其研磨制成粒径小于 74μm 的颗粒，测试之前预先在 200K 下持续抽真空 12h，除去样品中呈物理吸附状态的挥发性物质，然后将测试样品直接呈粉末状的自然堆积状态置于容器中，在液氮冷却条件下进行氮气的等温物理吸附测定。通过测量不同压力下氮气的吸附量，运用 BJH 法表征各个样品的孔隙结构及主要微结构特征参数，并用密度函数理论（density functional theory）对各样品进行全孔分布计算，样品的比表面积用标准 BET 法计算。

图 8-2 所示为岩样氮气等温吸附-脱附曲线。从中可以看出：①在相对压力 $P/P_0 < 0.8$ 时，岩样的氮气吸附量随着相对压力的上升缓慢增加，沿吸附曲线的起始部分吸附主要发生在微孔中，只限于在孔壁上形成薄层，表明岩样具有孔径分布单一的结构特征。当相对压力 $P/P_0 > 0.8$ 时，吸附量随着相对压力的上升急速增加。可能与岩样内部含有一定量的中孔和较大孔隙有关，这将导致吸附过程中毛细凝聚现象的产生，越来越多的孔被填充，吸附和脱附分支不重叠，由于毛细凝聚而出现滞后环，环越大表示孔径越大。②改性后岩样吸脱曲线明显低于未改性，最大氮气吸附量为 9.4773cm³/g，仅为未改性 26.4882cm³/g 的 35.78%；BET 比表面积为 2.8564m²/g，仅为未改性 13.0298m²/g 的 21.92%。

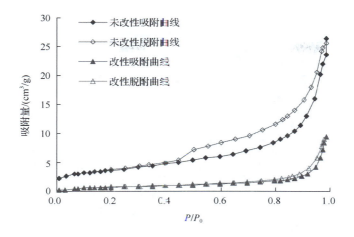

图 8-2　岩样氮气等温吸附-脱附曲线

　　图 8-3 和 8-4 所示分别为岩样孔径与比表面积和孔容的关系曲线。由图可知：①岩样中孔隙孔径多集中在 2.8nm，9.0nm 和 27.9nm 左右，其中孔径 2.8nm 左右孔隙为岩样所含黏土矿物晶面间距，孔径 9.0nm 左右孔隙为黏土矿物微集聚体间孔隙，孔径 27.9nm 左右孔隙为构成泥岩骨架的大颗粒间孔隙。②孔容以构成泥岩骨架的大颗粒间孔隙为主，其中孔径为 43.4nm 左右的孔隙孔容为 7.288mm³/g，占总孔容 41.647mm³/g 的 17.5%。③改性后孔的形态分布变化不大，但总量明显减少，受改性材料的填充作用，孔隙最大孔径由未改性的 150.0nm 左右减小至 110.0nm 左右。

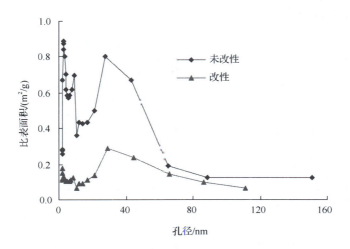

图 8-3　岩样孔径与比表面积关系曲线

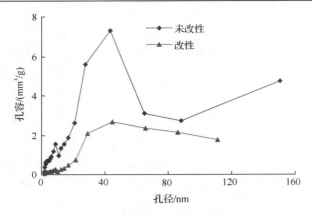

图 8-4　岩样孔径与孔容关系曲线

3. 胀缩性

胀缩性通过改性前后岩样自然膨胀率的变化评价。岩样为直径 50mm、高度 25mm 左右的圆柱件，端面平行于层理面。试验时，首先将岩样装入膨胀环中，为确保岩样恰好紧密套入膨胀环中并降低装样过程中岩样与膨胀环之间的摩擦力，在岩样环向涂一薄层凡士林，然后将装有岩样的膨胀环浸入蒸馏水中，液面高出岩样上表面 1cm，为防止浸水过程中岩屑脱落堵塞进液孔，在岩样上、下表面铺设定性滤纸。通过置于岩样上表面中心位置处的位移传感器记录岩样高度变化。试验分未改性和改性两组进行，每组 3 个试件，取 3 个试件试验平均值作为试验值。表 8-2 所示为岩样自由膨胀率测试结果，图 8-5 所示为岩样自由膨胀率随时间的变化曲线。

表 8-2　岩样自由膨胀率测试结果

时间/h	膨胀率/%		时间/h	膨胀率/%		时间/h	膨胀率/%		时间/h	膨胀率/%	
	未改性	改性		未改性	改性		未改性	改性		未改性	改性
0	0	0	9	3.44	0.31	23	3.51	0.47	37	3.53	0.51
1/6	0.67	0	10	3.46	0.32	24	3.51	0.48	38	3.53	0.51
1/3	1.02	0.01	11	3.47	0.33	25	3.51	0.49	39	3.53	0.51
1/2	1.26	0.01	12	3.48	0.34	26	3.52	0.5	40	3.53	0.51
2/3	1.47	0.02	13	3.48	0.35	27	3.52	0.5	41	3.54	0.51
5/6	1.69	0.02	14	3.49	0.36	28	3.52	0.49	42	3.54	0.51
1	1.87	0.03	15	3.49	0.37	29	3.52	0.49	43	3.54	0.51
2	2.43	0.07	16	3.5	0.38	30	3.52	0.49	44	3.54	0.51
3	2.86	0.11	17	3.5	0.37	31	3.52	0.49	45	3.54	0.51
4	3.11	0.16	18	3.5	0.37	32	3.52	0.49	46	3.54	0.51
5	3.29	0.21	19	3.5	0.36	33	3.53	0.49	47	3.54	0.51
6	3.34	0.27	20	3.51	0.41	34	3.53	0.49	48	3.54	0.51
7	3.39	0.29	21	3.51	0.45	35	3.53	0.5	49	3.54	0.51
8	3.42	0.3	22	3.51	0.46	36	3.53	0.5	50	3.54	0.51

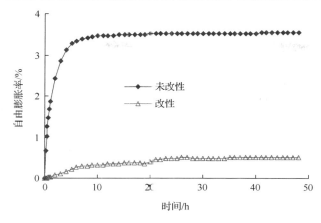

图 8-5　岩样自由膨胀率曲线

从图 8-5 可以看出：①岩样的膨胀曲线先陡后缓最后趋于稳定，未改性和改性岩样分别在 10h 和 20h 左右达到膨胀稳定状态，这为泥岩工程施工提供了一个参考，即泥岩的膨胀时间会持续很长，但是主要的膨胀量会在短期内完成，主要膨胀量完成后，即可进行工程的施工，不必等待膨胀的最后稳定。②改性岩样稳定自由膨胀率为 0.51%，仅为未改性 3.54%的 14.4%，这可能是由于改性后改性材料渗入岩样内部，改变了所含黏土矿物的膨胀晶层结构，也可能是改性材料进入岩样孔裂隙中，封堵了岩样内外水分迁移的通道，进而改变了岩样的胀缩性。

4. 微结构及化学组成

测试在中国科学院地质与地球物理研究所的德国产LEO1450VP扫描电子显微镜上分未改性和改性 2 组进行，每组测 5 个试样，每个试样分别取×80，×400，×2000 和×4000 四个放大倍数进行 SEM＋EDS 分析，取其平均值作为岩样化学元素的测试值。测试时采用钨灯丝电子枪，可放大 10 万倍，分辨率 3μm，真空压力 1～400Pa。样品置于低温(−50℃)干燥箱中去水，真空喷镀，观察面为新鲜、清洁、较平坦的自然断面。图 8-6 为岩样的 SEM 照片和 EDS 图谱，表 8-3 所示为未改性和改性岩样化学元素的 EDS 分析结果。

从图 8-6 可以看出，未改性岩样中含有大量的黏土矿物，局部可见卷曲片状蒙脱石，细小的片状黏土矿物颗粒相互间以面-面或边-面接触构成较大的集聚体，集聚体呈定向排列，孔隙以粒间孔和集聚体间孔为主，其尺寸范围大多为零点几至数微米，见图 8-6(a)。改性岩样黏土矿物粒间孔隙大部分被改性材料充填，胶结形成较大的团聚体，已看不到片状的黏土矿物，孔隙以团聚体间孔为主，形状近似等方状，其数量要明显小于未改性[图 8-6(b)]。从表 8-3 可以看出，未改性和改性岩样化学元素组成比例发生了较大变化，碳元素的大量增加和硫元素的出现说明改性材料已渗入岩样内部，一方面填充岩样内部相互连通的孔裂隙，阻止岩样内外水分迁移，另一方面和岩样表面形成胶结，改善岩样的基质结构，提高其力学强度。

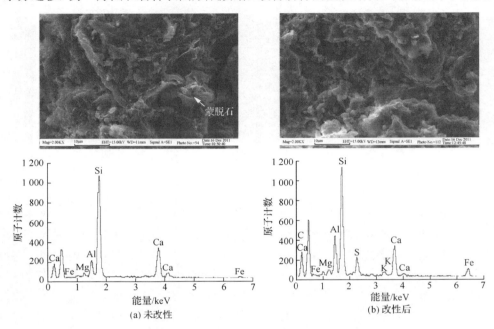

图 8-6　岩样的 SEM 照片及 EDS 图谱（×2000）

表 8-3　岩样成分的 EDS 分析结果

样品类型	原子百分比 W/%									
	O	Na	Mg	Al	Si	S	K	Ca	Fe	C
未改性	49.68	0.08	0.54	2.04	16.11	—	0.31	13.42	0.59	17.19
改性	45.73	0.08	0.62	2.26	10.01	1	0.17	5.51	1.38	33.09

5. 强度特征

　　力学强度测定在太原理工大学采矿工艺研究所的 JL-WAW60 微机控制电液伺服万能试验机上进行。依据岩石力学试验标准，单轴抗压强度试验采用高径比为 2:1 的 $\phi100mm \times 50mm$ 的圆柱体试件，抗拉强度试验采用为 $\phi50mm \times 25mm$ 的圆盘试件，单轴压缩加载速率 0.008mm/s，巴西劈裂加载速率 0.05mm/s，分未改性和改性两组，每组 3 个试件。岩样单轴压缩应力–应变曲线如图 8-7 所示，力学强度测试结果如表 8-4 所示。由图 8-7 和表 8-4 可知：①改性岩样的强度显著增加，其中单轴抗压强度达到 26.05MPa，为未改性 9.3MPa 的 2.8 倍；抗拉强度 3.22MPa 为未改性 1.69MPa 的 1.9 倍。②未改性岩样 2 号、3 号分别在应力 7.69 和 7.64MPa 时达到峰值后出现应力下降现象，随后随应变增加，出现数次波动后达到破坏应力，这是由于岩样在脆性破坏后，断裂面相对错动产生塑性滑移，沿断裂面产生

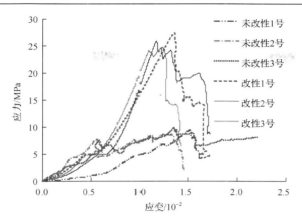

图 8-7　岩样单轴压缩应力-应变曲线

表 8-4　岩样力学强度测试结果

试验方法	状态	编号	尺寸/(mm×mm)	破坏载荷/kN	抗压(拉)强度/MPa	平均抗压(拉)强度/MPa
单轴压缩	未改性	1	49.4×100.8	18.05	9.41	
		2	49.9×100.6	17.12	8.53	9.3
		3	49.6×100.6	19.25	9.96	
	改性	4	49.7×99.3	53.17	27.38	
		5	49.6×101.2	50.18	25.99	26.05
		6	49.5×99.8	47.68	24.77	
巴西劈裂	未改性	1	49.4×25.8	3.32	1.73	
		2	49.6×25.4	2.88	1.49	1.69
		3	49.4×24.3	3.50	1.84	
	改性	4	49.5×25.5	5.91	2.97	
		5	49.4×25.0	6.09	3.14	3.22
		6	49.3×24.9	6.83	3.54	

摩擦阻力,受摩擦阻力作用应力出现上升,岩样由脆性转化为延性,此时的应力大小与裂隙面的粗糙度和颗粒间接触状态密切相关[2]。③改性岩样在应力为 5MPa 附近时出现短暂的塑性变形,这可能是由于改性岩样端面物性改变,端面与试验机压头之间摩擦效应引起的。随后应力迅速升高,达到峰值后应力急速降低,具有明显的脆性破坏特征。④取应力–应变曲线弹性段切线模量(取峰值强度的 40%～60%)为弹性模量 E;峰值强度与坐标原点间的割线模量为变形模量 E_d。未改性 3 块岩样的弹性模量分别为 692MPa、1254MPa 和 1062MPa,平均 1002MPa;改性 3 块岩样的弹性模量分别为 3044MPa、4990MPa 和 3721MPa,平均 3918MPa;未改性 3 块岩样的变形模量分别为 621MPa、681MPa 和 678MPa,平均 660MPa;改性 3 块岩样的弹性模量分别为 2034MPa、2223MPa 和 2014MPa,平均 2090MPa。可见改性岩样无论是弹性模量还是变形模量都较未改性岩样有显著提高,有利于软岩工程的长期稳定。

8.2.3　改性机理分析

　　有机硅材料是分子结构中含有硅元素，以重复的 Si—O 键为主链，硅原子上连接有机基的聚有机硅氧烷化合物。当其与泥岩接触时，与岩样表面的羟基发生聚合反应，破坏了黏土颗粒和各种胶粒的表面双电层结构，改变了岩样的表面结构与性质，通过在岩样表面或毛细孔内壁形成憎水网状分子，见图 8-8，降低了岩样的表面张力，改善了黏土颗粒和各种胶粒的表面电荷性质，打开了其与水分子之间的"电化键"，从而释放出束缚在吸附层和扩散层的结合水，降低了岩样表面的吸附水膜厚度，导致 ζ 电势下降，增大岩样表面和水的接触角，以阻止毛细孔对水的吸收。与此同时有机硅材料渗入岩样内部，填充并和孔壁结合，使岩样孔隙率降低，提高岩石颗粒间的连结强度，使岩样具有较高的强度和变形率，表现为岩样的抗拉、抗剪和单轴抗压强度的提高。同时，由于硅氧烷的疏水性能，阻止水分的迁移，从根本上改变泥岩遇水软化的特征。

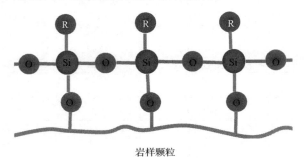

岩样颗粒

图 8-8　有机硅憎水机理示意图[3]

8.2.4　讨论

　　有机硅材料改性泥岩最终通过注浆方法在工程实际中应用，其与传统注浆方法的区别在于：①注浆对象不同，传统注浆对象一般为已破碎或软化崩解软岩，这里所说注浆对象为处于原始状态的软岩，前者孔裂隙发育相互间的连通性好，便于浆液的渗透扩散，可注性好；后者孔裂隙发育程度及其相互间连通性远低于前者，可注性差。②注浆浆液及其特性不同，传统注浆材料多采用水泥浆材，水泥浆材结石体强度高、造价低廉、材料来源丰富、浆液配制方便，但由于粒度大，一般只能注入直径或宽度大于 0.2mm 的孔隙或裂隙中，而有机硅改性浆液黏度低，渗透性强，能够注入直径或宽度大于数微米至零点几微米的孔隙或裂隙中。③浆液在岩土层内的流变特性及流动规律不同，水泥浆液主要靠注浆压力驱动在岩体孔裂隙中流动，析水沉淀现象严重，渗透扩散范围小，而有机硅改性浆液除受注浆压力的驱动外，还受岩样表面羟基与浆液间的化学键合力作用，有自发渗透的倾向，能渗入细微孔隙中，且不存在析水沉淀现象。④有机硅改性浆液有良好的化学性能，对井下复杂的水化学环境有很强的抵抗能力，且无毒无害，不会对地下水系统造成二次污染。此外，有机硅改性浆液每吨成本为数百元，在保证注浆效果的同时，不会给企业造成过重的经济负担。

8.3　有机硅材料改性砂岩的强度与 ζ 电位变化规律

8.3.1　改性材料与试验岩样及方案

1. 改性材料与试验岩样

改性材料见 8.2.1 节，试验所用岩样采自山西忻州保德煤矿 8 号煤顶板，为古生代二叠系月门沟统山西组中粒长石石英砂岩，断面似砂糖状，微风化。在实验室加工成尺度 $\phi 50\text{mm} \times 100\text{mm}$ 的试样，图 8-9 为部分加工完成岩样照片。为保证试样加工精度控制在允许误差范围(相邻面互相垂直，偏差不超过 0.25°；相对面平行，不平行度不大于 0.05mm) 为，将岩样在双端面磨石机上磨平，共加工试件 40 个。

图 8-9　试验用岩样照片

2. 试验方案

将加工好的 40 个试件随机平均分成两份，任取其中 1 份在常温常压条件下用 GJ657 浸泡 120h，作为改性组，另一份不浸泡，为不改性组。在改性组和不改性组中各取 15 个试件随机分成 5 组，每组 3 个。依次编号为改-Ⅰ-1、改-Ⅰ-2、改-Ⅰ-3、改-Ⅱ-1，…，改-Ⅴ-3 和不改-Ⅰ-1、不改-Ⅰ-2、不改-Ⅰ-3、不改-Ⅱ-1，…，不改-Ⅴ-3。对改性和不改性的第Ⅰ组岩样直接进行单轴压缩试验，试验在 JL 微机控制电液万能伺服实验机上进行，加载位移速率 $5 \times 10^{-4}\text{mm/s}$，按照 ISRM 试验标准[4]进行。第Ⅱ～Ⅴ组试件分别进行 1 次、3 次、5 次和 7 次"饱水-烘干"循环作用，实验用水为普通自来水，饱水采用自由浸水饱和法。根据国家标准[5]规定，先将试件竖直放置于泡水容器中，第一次加水至 1/4H 高度(H 为试件高度)，以后每隔 2h 加水至 1/2H 和 3/4H 高度，6h 后试件全部浸没于水中，48h 后取出，此时试件已经完全饱和。然后将试件置于 105℃的烘箱中烘干 24h 取出(经测定此时试件的含水率基本趋于零)，置于干燥器中冷却至室温，完成一个"饱水-烘干"循环。对完成设定"饱水-烘干"循环次数的试件进行单轴抗压强度测定，方法同上。

8.3.2　改性前后砂岩强度变化规律

1. 单轴抗压强度

图 8-10 所示为经历不同干湿循环作用后岩样全程应力-应变曲线。可以看出：①改性岩样单轴抗压强度较未改性岩样有明显提高，其中经历 0 次干湿循环提高 21.7%，1 次干湿循环提高 18.3%，3 次干湿循环提高 6.1%，5 次干湿循环提高 24.5%，7 次干湿循环提高 40.3%。②试验岩样均在应力为 5MPa 附近时出现短暂的塑性变形，随后应力迅速升高，达到峰值，这可能是由于岩样端面与试验机压头之间摩擦效应引起的。③无论改性与否岩样单轴抗压强度均随干湿循环次数的增加呈负指数关系降低，如图 8-11 所示。

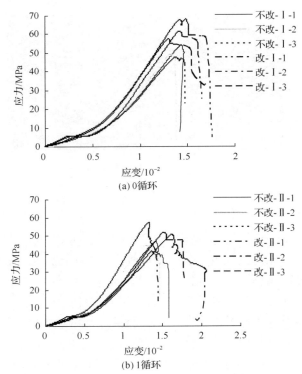

(a) 0循环

(b) 1循环

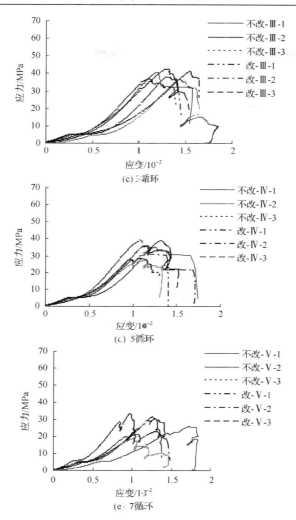

图 8-10 干湿循环作用下岩样全程应力应变曲线

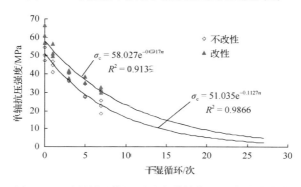

图 8-11 干湿循环作用下砂岩单轴抗压强度劣化曲线

定义砂岩经历 i 次干湿循环作用单轴抗压强度的总劣化度 D_i 为

$$D_i = \frac{\sigma_{c0} - \sigma_{ci}}{\sigma_{c0}} \times 100\% \tag{8-1}$$

式中，σ_{c0} 为经历 0 次干湿循环后岩样单轴抗压强度值；σ_{ci} 为经历 i 次干湿循环后岩样单轴抗压强度值。

单循环劣化度 ΔD_i 为

$$\Delta D_i = \frac{D_i - D_{i-1}}{N_i - N_{i-1}} \tag{8-2}$$

式中，D_i 为经历 i 次干湿循环作用后岩样强度的总劣化度；N_i 为岩样所经历的干湿循环作用次数。

表 8-5 为改性前后砂岩单轴抗压强度受干湿循环作用劣化分析。表中数据为同组三个岩样测定结果的平均值。

表 8-5　砂岩单轴抗压强度受干湿循环作用劣化分析

循环次数	单轴抗压强度 σ_{ci}/MPa		劣化度 D			
			总劣化度 D_i		单循环劣化度 ΔD_i	
	不改性	改性	不改性	改性	不改性	改性
0	50.6	61.6	—	—	—	—
1	44.2	52.3	12.7	15.1	12.7	15.1
3	37.9	40.2	25.2	34.7	6.3	9.8
5	30.2	37.6	40.4	39.0	7.6	2.2
7	22.3	31.3	56.0	49.1	7.8	5.1

从表 8-5 中可以看出，随岩样经历干湿循环次数的增加，岩样单轴抗压强度总劣化度增加，经历 7 次干湿循环作用后不改性和改性岩样总劣化度分别达到 56%和 49.1%；但单循环劣化度降低，不改性岩样由最初的 12.7%下降到 7.8%，改性岩样由最初的 15.1%下降到 5.1%。由此，说明干湿循环作用下砂岩强度劣化是一个内部基质结构损伤累积、扩展直至破坏的渐进性过程。砂岩经历干湿循环作用前期，干湿作用造成岩石的物理、化学损伤效应较大，抗压强度受影响明显，其变化呈快速、大幅度降低趋势。随着作用次数的增加，作用时间的延长，干湿作用给岩石造成的物理、化学损伤效应减小，抗压强度受影响减小，其变化趋于平缓。

2. 弹性模量与变形模量

为了便于比较分析，本章约定，应力-应变曲线弹性段切线模量(取峰值强度的 40%～60%)为弹性模量；峰值强度与坐标原点间的割线模量为变形模量。改性前后不同干湿循环作用下岩样弹性模量和变形模量试验结果如表 8-6 所示，表中数据为同组三个岩样测定结果的平均值。从中可以看出，除 3 次干湿循环作用外，改性岩样弹性模量和变形模量较不改性岩样均有明显提高，其中弹性模量提高 15%～44%，变形模量提高 10%～62%。

表 8-6　砂岩弹性模量和变形模量试验结果

循环次数	弹性模量/MPa		变形模量/MPa		改性/不改性	
	不改性	改性	不改性	改性	弹性模量	变形模量
0	5820	7113	3669	4512	1.22	1.23
1	4632	5541	3272	3607	1.20	1.10
3	4398	4654	3035	3109	1.06	1.00
5	3957	4542	2649	3064	1.15	1.16
7	2981	4304	1692	2747	1.44	1.62

图 8-12 所示为改性前后砂岩弹性模量和变形模量与干湿循环次数的关系。可以看出：

(1)无论改性与否岩样弹性模量和变形模量均随干湿循环次数的增加而降低。其中不改性岩样弹性模量和变形模量随干湿循环次数的增加呈负指数关系降低，回归方程分别为

$$E = 5519.4 \mathrm{e}^{-0.0318n} \quad R^2 = 0.8382 \tag{8-3}$$

$$E_{\mathrm{d}} = 3807.7 \mathrm{e}^{-0.0991n} \quad R^2 = 0.8102 \tag{8-4}$$

式中，E 为弹性模量；E_{d} 为变形模量；n 为干湿循环次数。

(2)改性组岩样的弹性模量和变形模量数值的离散性大于不改性组，这是由于浸泡改性时有机硅材料的渗透以及其与岩样颗粒的聚合胶结作用改变了岩样的孔裂隙结构和数量，变相增加了岩样的非均质性，进而增加了数值的离散性。

(3)受改性组岩样试验数值离散性增大的影响，改性组岩样弹性模量和变形模量与干湿循环次数的关系难以用某种特定的函数关系定量表述。

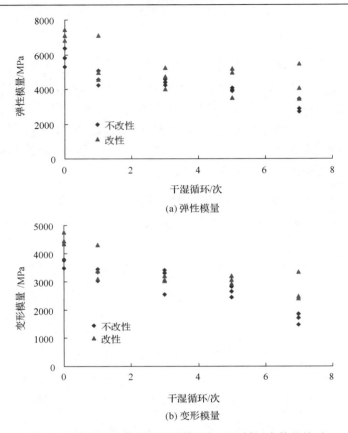

(a) 弹性模量

(b) 变形模量

图 8-12　砂岩弹性模量和变形模量与干湿循环次数的关系

8.3.3　改性前后砂岩 ζ 电位变化规律

岩样 ζ 电位的测量使用岩粉悬浮液采用电泳方法进行测试，测试过程见 3.2.4 节。测试仪器采用 JS94H 型微电泳仪，测试电极为 Ag 电极，切换时间为 700ms，输入 pH 值范围为 0～14，步长为 0.1。图 8-13 为不改性砂岩岩样的一组颗粒运动灰度图像，测试温度为 16.1℃，电流为 0.4mA，切换时间为 700ms，电压为 10V，pH 值为 4.2，ζ 电位为–11.823mV。

图 8-13 中，相邻两张颗粒运动灰度图像的时间间隔为 700ms，电泳杯中插入的 Ag 电极右侧为阳极，比较相邻两张颗粒运动灰度图像，发现相同颗粒有向右运动趋势，即向电极阳极方向移动，说明岩样颗粒带有负电荷。标定好岩样颗粒后，由 JS94H 型微电泳仪计算出该 pH 值条件下的 ζ 电位。每个 pH 值条件下测定 4 个 ζ 电位，取其平均值作为测试值。

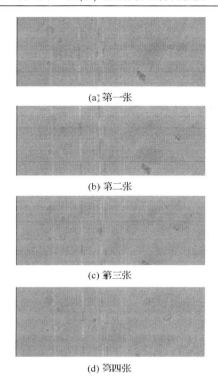

(a) 第一张

(b) 第二张

(c) 第三张

(d) 第四张

图 8-13 不改性砂岩岩样的一组颗粒运动灰度图像

图 8-14 所示为改性前后砂岩的 ζ 电位与 pH 值关系曲线。可以看出，随着用来调节悬浮液 pH 值的 HCl 的增加，悬浮液酸性逐渐增强，pH 值逐渐减小，吸附的 H^+ 离子增加，改性岩样 ζ 电位逐渐由负值变为正值，不改性岩样 ζ 电位绝对值逐渐减小，但在所标定的几个 pH 值条件下并未由负值变为正值，可见有机硅材料改性后，岩样的表面结构和电性发生了改变。

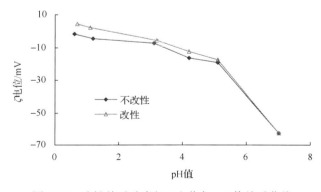

图 8-14 改性前后砂岩的 ζ 电位与 pH 值关系曲线

8.3.4　改性机理分析与讨论

有机硅材料是分子结构中含有硅元素，以重复的 Si—O 键为主链，硅原子上连接有机基的聚有机硅氧烷化合物。当其与砂岩接触时，有机硅材料中的强极性基团如羟甲基与砂岩颗粒表面的强极性基团有亲和作用，可产生物理吸附，并易向砂岩颗粒表面迁移而强烈地黏附在砂岩颗粒表面上，改变砂岩颗粒表面结构与性质，致使砂岩颗粒表面的 ζ 电位发生改变。与此同时有机硅材料渗入岩样内部，填充并和孔壁结合，提高岩石颗粒间的连结强度，使岩样具有较高的强度和变形率，表现为岩样力学强度的提高。但有机硅材料在砂岩内部的渗透行为受到砂岩本身孔裂隙发育及其连通性的制约，砂岩内部孔裂隙分布的非均质性导致渗入砂岩内部有机硅材料分布的不均衡，变相增加了改性岩样的非均质性，宏观表现为岩样力学强度试验数值的离散性增加[6]。

试验所用砂岩尽管均匀、致密，没有缺陷，但无论改性与否砂岩本身均具有许多空隙，干湿循环作用，是对岩样损伤的不断累积。饱水时水分子入渗，水分子的楔裂作用以及水岩物理、化学作用的产生，迫使岩样内部裂隙发育扩展；烘干时水分子沿裂纹、孔隙、颗粒间接触面外渗的同时，相态发生改变，体积膨胀加剧岩样裂隙的扩展，产生新的次生裂隙，为下一循环提供更多水分子渗入和逸出的通道。干湿循环过程将逐渐导致岩样内部的细微观裂纹、裂隙的集中化及扩展，向宏观裂纹、裂隙的转变，外在表现为岩样强度的不断降低。

8.4　有机硅材料改性软岩的工业试验

8.4.1　试验巷道的基本情况

1. 工程概况

屯兰矿 12206 工作面位于屯兰河东南岸，石家河村西南，地表为山谷地形，地面标高 1035～1168m，区内分布有赵家山、大平头和水升沟三个村庄；工作面标高 737～800m，地表出露有二叠系上统岩层、第四系黄土；工作面井下位于南二盘区左翼，西接南二轨道大巷，北邻 12202 工作面采空区，其余尚未采掘。

2. 煤层及其顶底板

12206 工作面主采 2 号煤层，煤层厚约 3.07m，其结构为 0.10 (0.15) 2.82m，煤层倾角 1°～9°，煤厚稳定；工作面底板整体呈东北高、西北低，回采呈下山趋势；2 号煤层顶板由砂质泥岩和细砂岩组成，其下为 3 号煤。2 号煤和 3 号煤层间距不稳定，厚度变化较大 (0.4～2.8m)，底板由 0.6m 厚的炭质泥岩、3 号煤以及砂质泥岩组成。根据对砂质泥岩的 X 射线衍射分析，矿物成分以高岭石和伊利石为主，其中高岭石含量为 40%左右，伊利石含量为 25%左右，遇水易软化崩解，抗压强度 11.87MPa，对巷道稳定极其不利。煤岩层综合柱状，见图 8-15。

地层	层厚/m	柱状图 1∶200	岩石名称	岩 性 描 述
山西组	8.80		中粒砂岩	灰白色，局部斜层理，致密，坚硬
	0.20		02号煤	
	2.50		砂质泥岩	灰黑色，水平层理
	5.70		细砂岩	深灰色，含黄铁矿
	4.95		砂质泥岩	灰黑色，水平层理，下部较粗
	0.65		03号煤	
	0 ~ 0.60		砂质泥岩	灰黑色
	0 ~ 2.20		细砂岩	深灰色，水平层理发育
	0.4 ~ 0.6		泥岩	黑色，裂隙发育，易冒落
	3.07		2号煤	局部与3号煤合并
	0.60		炭质泥岩	黑色，性脆
	0.50		3号煤	
	0.85		粉砂质泥岩	灰黑色，含植物根部化石
	4.50		粉砂岩	深灰色，上部含黏土
	0.80		炭质泥岩	黑色，性脆
	4.50		细砂岩	灰白色，斜层理发育，含褐色矿物

图 8-15　煤岩层综合柱状图

3. 地质构造

该工作面地层呈一向斜构造，向斜轴位于工作面内距南二轨道巷 900m 处，走向150°，西翼产状 30°，倾角 1°~3°，东翼产状 190°，倾角 2°~9°，向斜轴所在位置为工作面最低处，标高 737m，工作面最大标高 800m，轨道顺槽 23 号测点前 55m 处有一落差为 1.8m 的正断层，产状 133°，倾角 80°，该断层对巷道掘进与回采影响较小。

4. 水文地质

12206 工作面水文地质条件较复杂，全区带压开采，2 号煤层底板标高 737~

800m，奥灰水静水位标高 887m，工作面水压约 1.5MPa，要预防奥灰水突出。该工作面地表位于屯兰河和原平河之间，由于 2 号煤层上部砂岩长期受地表水的补给，含水丰富，顶板有淋水现象。在 12206 工作面回采中，采空区出水量较大，最大达 2000m³/d，平均为 1000m³/d。

5. 瓦斯尾巷的基本条件

瓦斯尾巷采用矩形断面，宽 3.2m，高 3.0m。直接顶为厚 3.7m 左右的薄层状煤与砂质泥岩的复合顶板，松软破碎。直接底为薄层状炭质泥岩、煤、砂质泥岩等组成的厚 2～3m 的薄层状遇水软化和膨胀的复合软岩。基本底为 4m 以上的砂质泥岩与粉砂岩，其上部含有黏土成分，遇水严重软化和膨胀。基本顶为厚 19m 左右的两层坚硬砂岩，工作面采高 2.8～3.0m，第一个工作面推过之后，周期来压步距和侧向大厚度岩梁悬露面积大，时间长，使尾巷长期处于高应力的作用之下，再者基本顶砂岩为裂隙含水层，第一个工作面推过之后，大量的顶板水流向尾巷，使其软岩底板长期处于矿井水的浸泡之中。

8.4.2　巷道变形破坏特征及机理分析

12206 工作面瓦斯尾巷的变形与破坏具有以下显著特征：①变形过程：在第一个回采工作面采过之前，无论时间多长，尾巷的变形量都很小，和其他普通巷道没有任何差别。在第一个回采工作面采过 40m 以后，尾巷变形逐渐开始，在工作面后方 60～130m 为剧烈变形期，在工作面后方 200m 以后，变形基本停止，巷道趋于稳定。②变形程度：两帮平均移近量 1.0～1.5m，个别地段的移近量达到 1.8～2.0m；顶底板移近量 1.3～1.8m，个别地段的移近量达到 2m。③变形特征：底板穿隆鼓起崩裂，顶板弯曲下沉，两帮整体内移，个别地段塑料网鼓包，见图 2-2。在横贯口观察距煤帮表面 1.5～1.8m 深度的煤体碎裂，垂直微裂隙密布。

如果按变形与破坏的主要原因把软岩巷道的破坏归结为应力型破坏、岩石矿物成分风化、遇水软化或膨胀的物理化学型破坏和复合型破坏三种类型，则根据以上变形特征，可以推断，12206 工作面瓦斯尾巷属于复合型软岩巷道。底板岩体浸水后发生软化与膨胀，当工作面推过以后，数倍于原岩应力的高支承压力通过两帮的煤体向底板传递，软化和膨胀酥松后的底板岩体势必沿剪切滑移线移动、鼓起，从而使两帮煤体下沉、破碎变形、内移，极大地增加顶板有效跨度，导致顶板岩体弯曲下沉和碎裂。在碎胀力、膨胀挤压力和高支承压力的综合作用下，巷道围岩产生剧烈变形。在不能无限制地加大护巷煤柱宽度的条件下，必须采取增加支护强度，减少或改善水对围岩，特别是对底板岩体的软化作用和遇水膨胀性能，减少顶板的有效跨度，提高围岩的整体抗变形能力，特别是两帮和底板岩体的抗变形能力。

8.4.3　巷道支护方案

针对工作面瓦斯尾巷的变形破坏特征，屯兰煤矿曾采用过如补打点柱、加套抬棚，加密锚杆、锚索等多种补强支护和加固措施，但仍不能有效地控制围岩的严重变形，使得生产难以正常进行，在生产中不得不在上一工作面采过之后，平行瓦斯尾巷重掘巷道，资源丢失严重，影响采掘接替和浪费人力、物力。

事实上，瓦斯尾巷支护的关键在于阻断水分对底板岩体的侵蚀作用，防止底板岩体的软化与膨胀。在此基础上结合亥矿现有施工技术条件，提出了适用于复合型软岩巷道支护的新方案。新支护方案的核心是巷道开挖后，适时喷注 TYT 防渗增强材料(有机硅改性材料+水泥)，封闭围岩裂隙，阻止岩体内水分迁移，防止微裂隙吸附效应的发生，从而改变软岩遇水膨胀、软化、崩解的物性，充分发挥软岩自身承载能力。与此同时，施加以传统的支护加固技术加固围岩，进而实现软岩工程的长期稳定。

根据 12206 工作面瓦斯尾巷底板岩层结构特征，设计新支护方案见图 8-16。在地质构造段(断层、陷落柱区域)全断面共布置 8 个注浆孔，见图 8-16(a)，其中底板 2 个，顶板 2 个，两帮各 2 个。8 个注浆孔均向巷道的 4 个角倾斜20°~25°。在正常地段全断面仅在底板布置 2 个注浆孔，见图 8-16(b)，注浆孔深 2.4m，注浆孔排距为 3.2m。

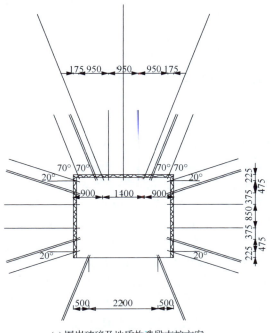

(a)围岩破碎及地质构造段支护方案

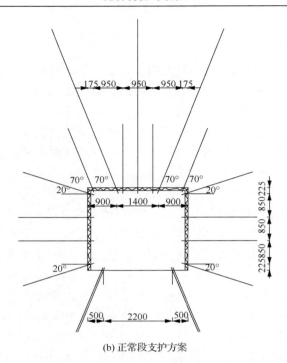

(b) 正常段支护方案

图 8-16　新支护方案

锚索：$\phi = 15.24$mm，$L = 6200$mm；1 卷 K2455 型药卷，3 卷 Z2455 型药卷，三花布置，排距 3200mm，0.47 根/m 巷道
顶锚杆：$\phi = 22$mm，$L = 2400$mm；1 卷 K2455 型药卷，1 卷 Z2455 型药卷，排距 800mm，每排 4 根，5 根/m 巷道
帮锚杆：$\phi = 18$，$L = 2400$m；1 卷 K2455 型药卷，2 卷 Z2455 型药卷，10 根/m 巷道
– 基本支护：锚杆、锚索　　= 注浆加固：注浆锚杆

8.4.4　效果检验与经济效益分析

1. 效果检验

为了验证新支护方案对屯兰矿瓦斯尾巷变形控制的有效程度，在 12206 尾巷中进行了三个试验段的顶底板位移量随工作面推进距离变化的监测工作，每个试验段的监测范围为 40m。三个试验段的支护方案分别为：①屯兰矿瓦斯尾巷中原来采用的锚-网-梁-锚索支护方案，称为原支护方式，在宽 3.2m，高 3.0m 的巷道中，顶板每排布置 5 根 $\phi=20$mm，$L=2400$mm 的左旋螺纹钢锚杆，锚杆间排距为 700mm×800mm，中间三根锚杆垂直顶板打注，两侧角锚杆由垂直方向向两侧煤帮倾斜 15°～20°。每根锚杆使用 K2455 和 Z2455 型树脂锚固药卷各一卷，并使用双螺帽固定。钢带采用 3000mm×210mm 的 W 形钢带，顶网采用规格为 3000mm×900mm 的菱形金属网，锚索采用 $L=5200$mm 的钢铰线，每 2.4m 对称巷道打设两根锚索，间距 1600mm。每根锚索使用 K2455 型药卷 2 卷和 Z2455 型药卷 1 卷。帮锚杆采用 $\phi=16$mm，$L=1600$mm 的 A₃ 钢锚杆，间排距均为 800mm，

每根锚杆使用 K2455 型药卷 1 卷。第一根帮锚杆距顶板 400mm，且以 10°～15°
仰角打设；第二、三根帮锚杆垂直煤壁打设，每根帮锚杆使用 400mm×150mm×
60mm 的木托板及方铁托板，帮网采用规格为 5000mm×1200mm 的塑料网。②图
8-16 所示为锚-网-梁-锚索基本支护方案，称为加长帮锚支护方式，即顶板采用直
径 ϕ=22mm，长度 L=2400mm 的高强度螺纹钢锚杆，布置 4 根/排，间距 950mm，
排距 800mm。两侧顶锚杆距煤帮 175mm，并向煤帮倾斜 20°～25°。锚索采用"二·一"
三花布置，排距 3.2m。其中单根排锚索垂直向上布置在巷道中心线上，双根排锚
索分别向两帮方向倾斜 20°～25°，孔口分别布置在距巷帮 900mm 处，即两根锚
索间距 1400mm。两帮采用直径 ϕ=13mm，长度 L=2400mm 的高强度螺纹钢锚杆，
每帮布置 4 根/排，其中上部锚杆距顶板 225mm，下部锚杆距底板 225mm，中间锚
杆间距 850mm，排距 800mm。上、下部锚杆分别向顶、底板倾斜 20°～25°。③锚-
网-梁-锚索基本支护与 TYT 防渗增强材料注浆加固方案，称为加长帮锚+改性注浆，
即在加长帮锚支护方式的基础上，在底板布置 2 根注浆锚杆，见图 8-16(b)。

　　由于尾巷的变形主要发生在第一个二作面推过之后，所以监测工作从工作面
推过尾巷测点断面开始。图 8-17 所示为三个试验段尾巷顶底板移近量随工作面推
过距离的变化曲线。从图 8-17 中可以看出，当推过测试断面 20m 时，采用原支
护方式支护段，顶底板出现明显变形，移近量达到 24mm，而采用加长帮锚支护
方式支护段，顶底板移近量为 9mm，比原支护方式减少 62.5%，采用加长帮锚+
改性注浆支护加固段，移近量为 3mm，比原支护方式减少 87.5%；当工作面推过
测试断面 90m 时，采用原支护方式支护段，顶底板移近量达到 276mm，采用加长
帮锚支护方式支护段，顶底板移近量为 133mm，比原支护方式减少 51.8%，采用
加长帮锚+改性注浆支护加固段，顶底板移近量仅为 70mm，比原支护方式减少
74.6%；当工作面推过测试断面 200m 时，原支护方式支护段，顶底板移近量达到
1121mm，而采用加长帮锚支护方式支护段，顶底板移近量为 650mm，比原支护
方式减少 42.1%，采用加长帮锚+改性注浆支护加固段，顶底板移近量为 287mm，
比原支护方式减少 74.4%。

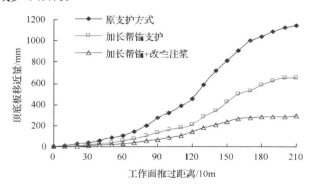

图 8-17　试验段顶底板移近量随工作面推过距离的变化曲线

从图 8-17 也可以看出，采用原支护方式支护段，顶底板移近量从工作面推过后 20～110m，为变形变化明显阶段，从工作面推过后 110～190m 为变形剧烈变化阶段，从工作面推过 190m 以后为变形减缓阶段，从变形明显到减缓共持续了 170m 距离。而采用加长帮锚支护方式支护段，从工作面推过后 60～110m 为变形明显变化阶段，从工作面推过后 110～160m 为变形减缓阶段，从工作面推过 160m 以后为变形减缓阶段，从变形明显到减缓共持续了 100m 距离。采用加长帮锚+改性注浆支护加固段，顶底板移近量从工作面推过后 100～150m 为变形明显变化阶段，从工作面推过 150m 以后变形趋于稳定，从变形明显到趋于稳定共持续了 50m 的距离，并且变形很快趋于稳定。

不论从变形量来看，还是从变形变化持续的时间来看，加长帮锚+改性注浆支护加固段均具有明显抑制围岩变形的效果，而加长帮锚支护方式支护段，虽然加强了帮部锚杆的支护力度，在初期有效地减少了巷道围岩的移近量，但不能有效地控制底板的变形与滑移，控制围岩变形的效果是有限的。换言之，采用 TYT 防渗增强材料注浆加固技术以后，一方面，有机硅材料通过表面物理化学作用在围岩表面形成一层交联网状膜层，有效地防止了矿井水对岩体侵蚀，使其较好地保持了岩体原有的物性；另一方面，加固材料中的水泥填充围岩裂隙，改变了围岩的松散结构，使岩体强度显著提高，从而有效地控制了底板的变形与滑移，大大改善了对软岩动压巷道的支护效果。

2. 经济效益分析

锚杆支护较棚式支护具有明显的技术经济效益，已毋庸置疑。这里仅对锚-网-梁-锚索基本支护加 TYT 防渗增强材料注浆加固方案与尾巷中原来所采用的锚-网-梁-锚索支护方案相比较。经济效益分析时，不包括两种支护方式相同或基本相同的费用，如初始支护或一次性支护施工队组工人工资、材料运输、钻具消耗、张拉设备折旧等费用，只包括支护材料消耗费，一次支护后的尾巷加强支护和尾巷返修费用等。

1) 原支护方式

原支护方式尾巷的支护费用由以下几部分组成：①初始支护材料费用，见表 8-7。②加强支护材料费与维护费，采用原支护方案时，为保证第一个工作面推过之后仍能保持通风和行人，采取加打贴两帮木柱，加套抬棚等措施，这些材料一般都被压裂、压折，不能复用。据测算，加强支护材料费用为 260 元/m，加强支护材料运输与支护人工费为 200 元/m，计 460 元/m。③尾巷返修费，当第一个回采工作面开采结束时，在第二个回采工作面开采之前，必须对尾巷进行返修。据最近返修结束的 12205 尾巷测算，尾巷的返修费用为 1184 元/m，其中返修队组工人工资费 242 元/m（不包括返修工程的机电、运输等费用）。综合以上三项，得原支护方式的可比直接成本为 2659.1 元/m。

表 8-7　原支护方式的支护材料及费用

支护材料	规格	单价/元	数量	金额/(元/m)
顶板锚杆	$\Phi20mm\times2400mm$	50	6.25 套	312.5
顶板钢带梁	BHW-250-3.0	107	1.25 根	133.75
顶板金属网	10 号铅丝自织经纬网	12	3.2m²	38.4
锚索	$\Phi15.24mm\times5200mm$	77	0.83 套	64
帮锚杆	$\Phi16mm\times1600mm$	28	7.5 根	210
帮锚杆木托板	400mm×150mm×60mm	8	7.5 块	60
帮塑料网	矿用菱形塑料网	8	6.0 张	48
树脂锚固剂	K2455,Z2455	6.6	22.5 卷	148.4
合计				1015.1

2) 锚-网-梁-锚索基本支护加 TYT 防渗增强材料注浆加固方案

锚-网-梁-锚索基本支护加 TYT 防渗增强材料注浆加固方案的支护费用由以下几部分组成：①锚-网-梁-锚索基本支护材料费用，见表 8-8。②底板注浆材料费用见表 8-9。③底板注浆工人工资费：根据 12206 尾巷试验，正常情况下，每个班 7 人，可注底板注浆锚杆 10 排，即 32m 巷道，按每工 10 元计，折合工人工资费用为 8.75 元/m。综合以上三项，得锚注支护方式的可比直接成本为 1415.3/m 元。

表 8-8　锚注支护方式的支护材料及费用

支护材料	规格	单价/元	数量	金额/(元/m)
顶板锚杆	$\Phi22mm\times2400mm$	57	5 套	285
顶板钢带梁	BHW-250-3.0	107	1.25 根	133.75
顶板金属网	10 号铅丝自织经纬网	12	3.2m²	38.4
锚索	$\Phi15.24mm\times6200mm$	82.5	0.47 套	38.78
帮锚杆	$\Phi18mm\times2400mm$	45	10 根	450
帮锚杆钢筋梁	$\Phi12mm$ 钢筋焊制 400×150×60	16.31	2.5 根	40.78
两帮金属网	10 号铅丝自织经纬网	12	6.0 张	72
树脂锚固剂	K2455,Z2455	6.6	41.88 卷	276.4
合计				1335.1

表 8-9　底板注浆材料及费用(无地质构造段)

材料名称	规格	单价/元	数量	金额/(元/m)
注浆锚杆	$\Phi 21mm$, $L=2500mm$	30	0.625 套	18.75
快硬式空心膨胀水泥药卷	$\Phi=38mm$, $L=250mm$	2.8	2.5 卷	7
TYT 抗渗增强材料	液体	460	0.1t	46
合计				71.75

3) 直接经济效益

原支护方式与锚-网-梁-锚索基本支护加 TYT 防渗增强材料注浆加固方案的直接成本之差就是锚-网-梁-锚索基本支护加 TYT 防渗增强材料注浆加固方案所带来的经济效益，即 $\Delta=2659.1-1415.3=1243.8$ 元/m。对于屯兰矿来说，一个综采工作面推进长度 1500m，一条尾巷可节省直接成本 187 万元。

此外，若考虑节省的加强支护和返修所用时间，使综采工作面提前出煤，以及采用锚注支护方式后瓦斯尾巷变形减少，使风流畅通，消除瓦斯积聚隐患等所带来的经济效益和社会效益是十分显著的。

参 考 文 献

[1] 谭罗荣. 关于粘土岩崩解、泥化机理的讨论. 岩土力学, 2001, 22(1): 1-5.

[2] 尤明庆, 苏承东. 大理岩试样长度对单轴压缩试验的影响. 岩石力学与工程学报, 2004, 23(22): 3754-3760.

[3] 柴肇云, 郭卫卫, 康天合, 等. 有机硅材料改性泥岩物性变化规律研究. 岩石力学与工程学报, 2013, 32(1): 168-175.

[4] ISRM. Suggested methods for determining the uniaxial compressive strength and deformability of rock materials. Int. J. Rock Mech. Min. Sci. Geomech. Abstr., 1979, 16(2): 135-140.

[5] 原中华人民共和国电力工业部. GB/T 50266-99 工程岩体试验方法标准. 北京: 中国标准出版社, 1999.

[6] 柴肇云, 张亚涛, 张鹏, 等. 有机硅材料改性砂岩强度与 ξ 电位变化规律. 岩土力学, 2014, 35(11): 3073-3078.

编 后 记

  《博士后文库》（以下简称《文库》）是汇集自然科学领域博士后研究人员优秀学术成果的系列丛书。《文库》致力于打造专属于博士后学术创新的旗舰品牌，营造博士后百花齐放的学术氛围，提升博士后优秀成果的学术和社会影响力。

  《文库》出版资助工作开展以来，得到了全国博士后管委会办公室、中国博士后科学基金会、中国科学院、科学出版社等有关单位领导的大力支持，众多热心博士后事业的专家学者给予积极的建议，工作人员做了大量艰苦细致的工作。在此，我们一并表示感谢！

《博士后文库》编委会